Alfonso Pablo Huerta Fernández

Evaluación de factores que afectan los agroecosistemas

AF815770

Alfonso Pablo Huerta Fernández

Evaluación de factores que afectan los agroecosistemas

Microcuencas Huangamarca y Pollo, cuenca alta del río Moche

PUBLICIA

Impressum / Aviso legal
Bibliografische Information der Deutschen Nationalbibliothek: Die Deutsche Nationalbibliothek verzeichnet diese Publikation in der Deutschen Nationalbibliografie; detaillierte bibliografische Daten sind im Internet über http://dnb.d-nb.de abrufbar.
Alle in diesem Buch genannten Marken und Produktnamen unterliegen warenzeichen-, marken- oder patentrechtlichem Schutz bzw. sind Warenzeichen oder eingetragene Warenzeichen der jeweiligen Inhaber. Die Wiedergabe von Marken, Produktnamen, Gebrauchsnamen, Handelsnamen, Warenbezeichnungen u.s.w. in diesem Werk berechtigt auch ohne besondere Kennzeichnung nicht zu der Annahme, dass solche Namen im Sinne der Warenzeichen- und Markenschutzgesetzgebung als frei zu betrachten wären und daher von jedermann benutzt werden dürften.

Información bibliográfica de la Deutsche Nationalbibliothek: La Deutsche Nationalbibliothek clasifica esta publicación en la Deutsche Nationalbibliografie; los datos bibliográficos detallados están disponibles en internet en http://dnb.d-nb.de.
Todos los nombres de marcas y nombres de productos mencionados en este libro están sujetos a la protección de marca comercial, marca registrada o patentes y son marcas comerciales o marcas comerciales registradas de sus respectivos propietarios. La reproducción en esta obra de nombres de marcas, nombres de productos, nombres comunes, nombres comerciales, descripciones de productos, etc., incluso sin una indicación particular, de ninguna manera debe interpretarse como que estos nombres pueden ser considerados sin limitaciones en materia de marcas y legislación de protección de marcas y, por lo tanto, ser utilizados por cualquier persona.

Coverbild / Imagen de portada: www.ingimage.com

Verlag / Editorial:
PUBLICIA
ist ein Imprint der / es una marca de
OmniScriptum GmbH & Co. KG
Heinrich-Böcking-Str. 6-8, 66121 Saarbrücken, Deutschland / Alemania
Email / Correo Electrónico: info@editorial-publicia.com

Herstellung: siehe letzte Seite /
Publicado en: consulte la última página
ISBN: 978-3-639-64938-3

Zugl. / Aprobado por: Tesis Doctoral,2012. Lima, Universidad Agraria La Molina

Copyright / Propiedad literaria © 2015 OmniScriptum GmbH & Co. KG
Alle Rechte vorbehalten. / Todos los derechos reservados. Saarbrücken 2015

A la memoria de mi madre

Doña María Encarnación

A mi esposa Tarsila

AGRADECIMIENTO

El autor brinda los más sinceros agradecimientos a las siguientes personas:

Al Comité Asesor: Dra. Carmen Felipe-Morales Basurto, Dr. Oscar Loli Figueroa y Dr. Julio Alegre Orihuela.

Al Dr. Oscar Loli Figueroa, patrocinador de esta tesis, por sus valiosos consejos

A los agricultores de las microcuencas de Huangamarca y Pollo, que Dios les depare un futuro mejor.

Al personal del PRONAMACHCS de la Oficina de Otuzco – La Libertad.

Al Mg. Sc. Braulio La Torre, Profesor de la Universidad Nacional Agraria La Molina.

EVALUACION DE FACTORES QUE AFECTAN LOS AGROECOSISTEMAS EN LAS MICROCUENCAS HUANGAMARCA Y POLLO, CUENCA ALTA DEL RIO MOCHE

RESUMEN

Considerando que las prácticas de manejo y conservación de suelos afectan las propiedades de los suelos y como consecuencia al grado de degradación de los mismos, se planteó el presente trabajo de investigación aplicada que fue realizado en la parte alta de la cuenca del río Moche; en los territorios de las microcuencas Huangamarca y Pollo, ubicadas en la provincia de Otuzco, departamento de La Libertad con el objeto de determinar la influencia de los agro-ecosistemas en las características del agua, el efecto del clima y el manejo del suelo en los procesos de degradación de los suelos en los campos de los agricultores de la zona andina.

El estudio realizado entre Julio 2005 y Diciembre 2007, se refiere a la evaluación de los agro-ecosistemas, en relación a los factores de clima, el manejo de los suelos y los sistemas agrícolas. Las evaluaciones efectuadas son: Registro de precipitaciones pluviales a través de pluviógrafos, contaminación de ríos y pérdidas de suelo por escorrentía mediante medidores-sedimentadores y lixiviación, utilizando los lisímetros; aplicando encuestas a los campesinos ubicados en las microcuencas Huangamarca y Pollo, seleccionadas en base a la información cartográfica del Instituto Nacional de Recursos Naturales (INRENA) a escala 1:100000.

Como unidad de análisis se tuvo a 12 agro-ecosistemas seleccionadas aleatoriamente, en los que fueron instalados los equipos experimentales de investigación y construidos pequeñas infraestructuras (medidores-sedimentadores), que permitieron obtener los datos según los objetivos del estudio.

De los resultados obtenidos, se concluye que en las microcuencas de Huangamarca y Pollo existe una pérdida ligera de suelo (5,4 kg/km^2 y 23 kg/km^2, respectivamente); sin embargo, los valores de erosión potencial determinado mediante el método empírico de Fournier, expresados en t/ha/año son más altos, 7,29 para Huangamarca y 33,40 para Pollo; los niveles de contaminación en los ríos están en los límites admisibles; y, en los agro-ecosistemas, los campesinos desarrollan prácticas de agricultura con aplicación de baja tecnología, de tipo tradicional que ponen en riesgo en principio su seguridad alimentaria y la conservación de los recursos naturales.

Palabras clave: Sistemas agrícolas, clima, suelos, degradación, contaminación

EVALUATION OF FACTORS AFFECTING AGRO-ECOSYSTEMS AT THE HUANGAMARCA AND POLLO MICRO-BASINS; THE HIGHER BASIN OF RIVER MOCHE

ABSTRACT

Considering that soil handling and preserving affect soil properties, hence, a level of degrading occurs , the following applied-study was planned and was carried out in the higher lands of the River Moche basin, amid the territories of the Huangamarca and Pollo micro-basins located at the province of Otuzco, La Libertad, Department, targeting to determine the influence of agro-ecosystems into water characteristics, the effect of the climate and the management of soil under degrading processes in the Andean farmers' fields.

The study was performed as of July 2005- December 2007, and it refers to the evaluation of climatic factors, soil handling and agricultural systems affecting agro-ecosystems. Assessments carried out are: the registration of pluvial precipitation through pluvial-graphs, river contamination and soil loss by surface runoff through sediment-gauge and bio-leaching, utilizing lysimeters, and applying surveys to peasants located at the micro-basins of Huamanga and Pollo , selected upon the cartographic data from the National Institute of Natural Resources (INRENA) scale: 1:100000.

As units of analysis 12 randomly selected agro-ecosystems were taken, whereby experimental research equipment was set, and small infrastructure was built (sediment-gauge) which let us obtain data agreeing with targeted studies.

As per outcome results one concludes that in the Huangamarca and Pollo micro-basins exist a slight soil loss: (5,4 kg/km^2 and 23 kg/km^2, respectively); however the values of potential erosion determined by the Fournier empiric method expressed in, t/ha/annum are higher, 7,29 for Huangamarca and 33,40 for Pollo; levels of contamination in rivers are at admissible limits, and in agro-ecosystems, peasants carry out agricultural practices applying low-tech, that is, traditional type, which in principle endanger their food security and of preserving natural resources

Key words: Agricultural systems, climate, soils, degrading, contamination

INDICE GENERAL

INDICE DE CUADROS

INDICE DE FIGURAS

INDICE DE ANEXOS

I. INTRODUCCIÓN

La gran mayoría de los agricultores del mundo en desarrollo son campesinos o pequeños productores, quienes aún cultivan los valles y laderas de los paisajes rurales con métodos tradicionales y/o de subsistencia. Se estima que en Latino América hay aproximadamente 16 millones de unidades campesinas ocupando cerca de 160 millones de hectáreas (Ortega, 1986), citado por Altieri (1999).

Según Grobman (2003), la relación tierra/familia rural en el Perú es de 2.11 hectáreas por familia, una de las más bajas en América Latina. De allí surge la presión por ampliar la frontera agrícola (con colonizaciones en la selva), y demanda de nuevas irrigaciones, la recuperación de tierras salinizadas en la costa y de tierras erosionadas en la sierra.

Así mismo, nos informa que en la sierra viven 1,2 millones de familias dedicadas a actividades agropecuarias, contando con 2´280,000 hectáreas de tierras agrícolas y 14´300,000 hectáreas de pastos naturales en uso. Esto da una relación de 1,9 hectáreas de tierra cultivada por familia.

El agricultor andino, en lo que se supone sobre su carácter conservador y poco afecto al cambio, ha mostrado gran poder de asimilar los aspecto que le son favorables. Uno ha sido la aceptación del ganado introducido y el desarrollo del manejo que se adapta a su sistema de vida, el otro es la incorporación de diversos cultivos que le son beneficiosos. Se puede mencionar la cebada, el trigo, el haba, la arveja, hortalizas como la cebolla, frutales como los duraznos, manzanas y especies forestales como eucalipto que se han propagado intensamente en todos los Andes (Tapia ,1982) .

En las áreas rural-andinas de la Región La Libertad, se presenta la sobre utilización y como consecuencia la erosión de los suelos, los mismos que se caracterizan por su baja productividad, como resultado del abandono tecnológico e integral de la explotación agrícola tradicional (CTAR - La Libertad, 1997).
La mayor parte de los suelos dedicados a cultivos transitorios en la provincia de Otuzco se hallan afectados por importantes procesos de degradación por erosión hídrica. La presente investigación aportará información a tener en cuenta en la conservación del agua y suelos.

El proceso erosivo en la cuenca hidrográfica del río Moche, principalmente en la parte alta que abarca la subcuenca Otuzco (zona del trabajo de investigación), afecta aproximadamente entre el 41 y 60%, predominando la erosión hídrica de tipo laminar (CORLIB, 1988).

La degradación del suelo debido a fenómenos hidrológicos disminuye sus cualidades como recurso natural y su productividad en el agroecosistema. Motivo por el cual se propuso el presente estudio; estando de por medio en riesgo, sobre todo, la situación de seguridad alimentaria del poblador andino, cuyo alimento básico está conformado por la papa y cereales, fundamentalmente.

La papa, es el principal componente de los agroecosistemas, y ocupa en La Libertad una superficie del orden de 28000 ha, estando en el segundo lugar entre los principales cultivos transitorios. En Otuzco, área donde se centra el estudio, de preferencia se cultiva la papa, cuya extensión alcanza a más de 7000 ha, que significa cerca de un 38% de toda la superficie cultivada en dicha área (INEI, 1990). El sistema de cultivo es el tradicional, con laboreo frecuente en los meses de primavera y verano; siendo muy pequeña la superficie, donde se practican técnicas de laboreo de conservación.

II. JUSTIFICACIÓN DEL ESTUDIO

Actualmente existe un interés por proteger la biodiversidad y desarrollar una "agricultura sustentable, económicamente viable, suficientemente productiva y que conserve la base de los recursos naturales" (Zelada, 2001. p.42).

Las nuevas tendencias de gestión sustentable de la agricultura y la necesidad de definir la vocación productiva del territorio con el análisis de sus ventajas comparativas, orientan hacia los estudios de los agroecosistemas que desde las perspectivas de diagnósticos, evaluaciones y correlaciones de las variables que intervienen en los procesos productivos, permitirán enfocar los modelos de desarrollo agrícola y ganadero en la parte alta del medio andino de la cuenca hidrográfica del río Moche.

Para los agroecosistemas con orientación a la producción orgánica, hay una oportunidad de mercado, como señala Zelada (2001) por la demanda internacional; este aspecto incentiva a efectuar estos trabajos de investigación en escenarios que nos estamos ubicando en el que probablemente, aunque de manera incipiente, hay prácticas de este sistema agrícola que requieren ser estudiados para recomendar el logro de un agro ecosistema sostenible.

Como es de conocimiento la intensidad de lluvia es uno de los factores predominantes en la pérdida del suelo, conocida como la erosión hídrica, que es un fenómeno que incluye el material erosionado en la microcuenca y las pérdidas de suelo a través de la erosión laminar en canales y cárcavas; socavaciones del cauce mediante la erosión de sus orillas, del fondo y de sus planicies de inundación, hay que tener presente que la totalidad de materiales erosionados, no todos llegan a los cauces y no todos son transportadas por ella, debido a lo cual la cantidad de material sólido aportado por una microcuenca, siempre es menor que el valor de su erosión total.

Al ser el suelo un cuerpo natural tridimensional, parte de un ecosistema, su estudio debe iniciarse en el campo, con la observación detallada y precisa, tanto del suelo en su conjunto, como del medio en el que se halla (Porta, et al. 1994).

El agua, ejerce una fuerza de arrastre sobre la superficie del suelo, arrancando partículas de material mineral cuyo tamaño varía desde la fina arcilla hasta la arena gruesa o grava, dependiendo este hecho de la velocidad de la corriente y del grado en que las partículas estén unidas por las raíces de las plantas o mantenidas bajo un manto de hojas caídas. La lenta remoción del suelo forma parte del proceso natural geológico de denudación de las masas continentales que es universal e inevitable, bajo condiciones naturales estables, la erosión es lo suficientemente lenta como para permitir la formación y el mantenimiento de varios horizontes en el suelo, lo que permite a la vegetación mantenerse. En contraste, la erosión del suelo puede ser enormemente acelerada por las actividades humanas o por fenómenos naturales como deslizamientos y avalanchas.

Según el Instituto Nacional de Recursos Naturales – INRENA, en 1996 existía en el Perú cerca de 128 millones de ha con algún nivel de erosión. El 6,4 % del territorio nacional estaba afectado por erosión severa, y el 66 % de esa erosión severa se concentraba en la sierra. El 24,4 % del territorio nacional estaba afectado por erosión moderada, el 47 % de esa erosión moderada se concentraba en la sierra.

Las causas principales de la erosión severa de los suelos en la sierra son: El conflicto de uso de los suelos, las inadecuadas prácticas agropecuarias, de manejo de los suelos y de riego que ocasionan la degradación (sobrepastoreo, siembra en sentido de la pendiente, mal manejo del riego en laderas, entre otros); además, de los procesos naturales ocasionados por los factores climáticos.

En la sierra, para muchos autores, por lo general se practica una agricultura de subsistencia en tierras fragmentadas constituyendo un sistema minifundista (pequeñas unidades agrícolas) con prácticas agrícolas tradicionales y algunas convencionales, que ambas formas están generando en mayor o menor medida la degradación de los suelos, aspecto importante en el presente estudio. Tratando de agricultura de subsistencia, refiere Caballero (2003) que los productores que destinan la mayor parte de la producción al uso dentro de la unidad productiva, se encuentran en un medio de subsistencia; siendo los cultivos transitorios (cereales, tubérculos, raíces y leguminosas de grano) un indicador de esta situación. En este aspecto, refiere también Altieri (1999) en el sentido de que las parcelas campesinas son pequeñas en tamaño pero con producción continua que sirve para satisfacer la subsistencia y las exigencias del mercado.

Un aspecto importante que caracteriza a estas pequeñas unidades, es la forma como se aprovecha la superficie agrícola; en suma se puede decir que es necesario analizar el uso de las tierras como agro ecosistemas, escenarios de actuación como en los casos de las microcuencas de la parte alta de la cuenca hidrográfica del río Moche, que es materia del estudio.

Como indican algunos autores, el deterioro o desequilibrios que se estarían originando en agroecosistemas respecto a los recursos, es mayormente por una inadecuada utilización de los suelos, produciéndose fenómenos diversos. Como la taza de erosión de los suelos en la región andina, que alcanza cifras verdaderamente alarmantes, que superan ampliamente los límites de tolerancia de pérdida de suelo (Carmen-Morales, 2002); en la sierra la erosión hídrica está provocando pérdida de suelos agrícolas en la laderas, y en las ciudades está el fenómeno de la disposición clandestina (Gonzáles, 2004). Lo procesos avanzados de erosión pueden llevar a la desertificación y varios casos han sido observados en los Estados de Río Grande del Sur, Bahía y Pernambuco en el Brasil (Ehlers, 1999).

La erosión adversa afecta la productividad de cosechas reduciendo el aprovechamiento del agua, de los nutrientes, de los microorganismos del suelo, la materia orgánica y la profundidad del suelo (OTA, 1982) en Paoletti et al (1993). Según Rodríguez et al., (1999) que estudiaron el efecto del sistema de laboreo en las pérdidas de suelo por erosión, el nitrógeno total disminuye en 154,6 kg ha^{-1} $año^{-1}$ en labranza convencional, obteniéndose escasas pérdidas con el empleo de métodos de conservación.

En la Declaración de Río, en el capítulo XIII referido a la ordenación de los ecosistemas frágiles, la gestión por cuencas aparece como una alternativa para el desarrollo sostenible de las zonas de montaña (Stecher, 1995). Esta metodología de trabajo en la práctica se viene realizando, principalmente en las partes alto andinas, entre los 3500 msnm y 4800 msnm, pisos altitudinales en los cuales están comprendidos las regiones naturales quechua, suni o jalca y puna; por parte de las instituciones públicas y privadas como ONG´s que hacen esfuerzos para mantener y mejorar la productividad de los ecosistemas.

Para este tipo de desarrollo sustentable o sostenible es necesario establecer y desarrollar políticas de estado con diseño de estrategias de desarrollo rural. Para su aplicación es necesario tener en cuenta esa dimensión de verticalidad fundamental en el funcionamiento de una cuenca. Como refiere Amat y León (2006), desde las cumbres nevadas hasta la orilla del mar por la pendiente oeste y hasta el llano amazónico por la pendiente este, median más de 5000 metros de diferencia de altitud en un espacio muy reducido, lo que origina la formación de múltiples ecosistemas; en estos escenarios se pueden observar diferentes formas de vida, calidades de suelo, ciclo del agua, vegetación, radiación solar, vientos, variaciones de temperatura, sistemas de producción y asentamientos humanos con diferencias culturales.

Analizando estos aspectos se puede planificar el desarrollo integral de las cuencas, en cuyos espacios menores encontramos los predios o agro ecosistemas que requieren de un manejo adecuado, para lo cual según Olivera (2001) el análisis del espacio percibido es cualitativo-subjetivo y el análisis del espacio natural, a partir de una información mayormente cuantitativa, cuyo carácter es más objetivo.

Para los planteamientos de desarrollo de los espacios en las montañas andinas, se considera básico los componentes suelo y agua. La vocación de los suelos varía en cada una de las partes de la microcuenca; en casi la generalidad de los casos, la parte alta tiene vocación para la ganadería y las partes media y baja para la agricultura (CENTRO IDEAS, 1999).

Actualmente las áreas de las praderas naturales tienden a degradarse por efectos de erosión de suelos, ocasionado por el sobrepastoreo y por la contaminación, producto de explotaciones agropecuarias, por ejemplo en las zonas de Otuzco el coeficiente de erosión hídrica es de 43,76 que corresponde a una erosión de 1860 t/km^2/año, que nos indica una erosión potencial media de acuerdo con la tabla de índice de degradación específica, siendo la erosión en esta cuenca muy significativa si lo comparamos con el límite tolerante establecido por la FAO (30 t/km^2/año), la erosión en esta cuenca resulta ser muy grave y como indican algunos autores, el deterioro o desequilibrios que se estarían originando en los agro ecosistemas, es mayormente por una inadecuada utilización de los suelos.

Por otro lado un aspecto importante, en las prácticas agrícolas, la utilización de los agroquímicos; fertilizantes, fungicidas e insecticidas, en la mayoría de los casos utilizados en sobredosis, evidentemente contaminan los suelos, parte de los cuales pueden percolar hacia las aguas de las quebradas y de los ríos.

Esta situación conduce a una reflexión y hace notar que unas de las consecuencias más dramáticas de la degradación de un ecosistema es la pérdida de capacidad para seguir produciendo agua, elemento vital para el consumo humano, la agricultura, la industria, la cría de peces, actividades recreativas, etc.; recurso que es indispensable para la vida en todas sus manifestaciones (Yánez, J. et al. 1987).

Por tanto, la preocupación es general para el manejo y conservación de los recursos naturales; siendo la idea planificar el territorio en sus diferentes niveles con una metodología participativa, considerando a todos los actores sociales para llegar a una concertación sobre el desarrollo de los espacios a que nos hemos referido, tal como propone Dourojeanni y Lenzi, 1986. Entonces esto supone mayores análisis acerca de la fragilidad de los ecosistemas y de la actuación de los involucrados: Organizaciones campesinas, agricultores, ganaderos, población civil, instituciones públicas y otros entes vinculados en esas relaciones naturales existentes en los sistemas de cuencas y ecosistemas.

III. REVISIÓN DE LITERATURA

La erosión de los suelos aumenta a una tasa acelerada en muchas partes del mundo, según un estudio del organismo de la ONU, en los últimos veinte años, el fenómeno se ha expandido y afecta un 20% de las tierras agrícolas, un 15% de los pastizales y un 30% de los bosques (FAO,2008).

La degradación del suelo debido a fenómenos hidrológicos disminuye sus cualidades como recurso natural y su productividad en el agroecosistema. Los estudios realizados por Lasanta y García (1997), en la parte alta de la cuenca del río Ebro en Zaragoza – España, demuestran que la entrada de nutrientes con el agua de lluvia y la salida con el agua de escorrentía superficial muestra que para algunos nutrientes (Ca_2+, K) las salidas superan a las entradas; además, a nivel de parcela encontraron una redistribución de los nutrientes en las laderas y por ello es que los valores son claramente más elevados en la parte baja de los campos que en la parte alta.

En una cuenca de terrazas abandonadas desde hace décadas en el Pirineo catalán (España), Feller y Kimmins, 1981; Verstraten, 1997; Puigdefábregas y Alvera, 1986). Llorens *et al.* (1997), han registrado una elevada y sostenida concentración de sólidos disueltos y una baja y muy variable concentración de sedimento en suspensión. Las relaciones existentes entre la proporción de solutos y de sedimento en suspensión están de acuerdo con otros estudios a escala de cuencas. Así, en cuencas forestales escasamente perturbadas donde, en general, la pérdida total de sedimento es pequeña, la salida de solutos es mayor que la de sedimento en suspensión.

El agua de las precipitaciones al incidir sobre el suelo, ocasiona su degradación por erosión. Suelen distinguirse dos tipos de erosión hídrica: Una debida a la acción directa de las gotas de agua con su energía cinética, erosión por salpicadura, y otra, debida a la escorrentía superficial del agua, ocasionada al rebasar la intensidad de la precipitación el valor máximo de velocidad de infiltración del agua en el suelo, erosión laminar (Sánchez y Cuadrado, 1986) que consiste en la pérdida de una capa más o menos uniforme de suelo en un terreno inclinado, afecta a las partículas liberadas por salpicadura (Porta et al. 1994). Una posible estrategia es reproducir diferentes usos del suelo en parcelas de una estación experimental y medir la escorrentía y las salidas de sedimento durante cada evento lluvioso, siendo constantes tanto el tipo de suelo como la pendiente y la exposición (Lasanta y García, 1997).

Según Bienes (1997), la magnitud de pérdida de suelo por erosión es directamente proporcional a la pluviometría. Así en el año más lluvioso, 1996, se perdieron 64 t/ha de suelo, que implicaron una pérdida anual de 1154 kg/ha de materia orgánica y 2,96 kg/ha de fósforo, 384 kg/ha de Ca, 19,3 kg/ha de Mg, 22,6 kg/ha de Na y 32,3 kg/ha de K.

Los suelos de la provincia de Otuzco se caracterizan por un predominio claro de la fracción arcilla y limo, siendo más abundante el primero, lo que junto al elevado contenido de carbonatos, les confiere peculiares propiedades de retención y transporte de agua (CORLIB, 1988).

La "tierra" no se conceptualiza como algo estático, sino como algo "vivo" que desde luego es dinámico, y que, por lo tanto, requiere una observación y experimentación intensa para llegar a conocer sus posibilidades e intuir cambios en ella (Remmers, 1990).

Un programa investigador, en términos de "estudios relacionados con la potencialidad del medio físico para la producción agrícola en zonas específicas", comprendería entre otros el reconocimiento de los factores ecológicos de los cultivos y sus implicaciones en los rendimientos óptimos. A su vez la evaluación de las condiciones climáticas y edáficas (restricciones y posibilidades) existentes en diferentes áreas respecto a determinadas explotaciones agrícolas. Esta sería uno de los aspectos fundamentales para optimizar la producción y mejorar el uso de los recursos naturales (suelo y agua) evitando las explotaciones en condiciones ambientales marginales (Huerta, 1997).

Altieri afirma que la Agro ecología puede servir como un "paradigma científico" capaz de guiar la estrategia de desarrollo rural sustentable, pues esa disciplina estudia los sistemas agrícolas por una perspectiva ecológica y socioeconómica (Ehlers, 1999). Tal desarrollo sustentable, referido por Marc von der Weid conserva el suelo, el agua, y recursos genéticos animales y vegetales; no degrada el medio ambiente; es técnicamente apropiado, económicamente viable y socialmente aceptable (FAO, 1992).

La mayor parte de los suelos dedicados a cultivos transitorios en la provincia de Otuzco se hallan afectados por importantes procesos de degradación por erosión hídrica. La presente investigación aportará información a tener en cuenta en la conservación del agua y suelos.

IV. PLANTEAMIENTO DEL PROBLEMA

La intervención humana en el paisaje casi siempre tiene un fuerte impacto sobre los recursos (Golte, 2001), lo cual viene depredando o degradando en sus potencialidades y son prontamente sustituidos con medios artificiales que son más energía intensiva; así por ejemplo: Compuestos orgánicos dentro de agro ecosistemas que son sustituidos por fertilizantes y pesticidas (Paoletti, 1999). Muchos de estos agro ecosistemas son de pequeña escala, geográficamente discontinuos, localizados en numerosas laderas, con apariencia, microclimas, niveles de elevación y tipos de suelos diversos, están también rodeados por mucha vegetación asociada (Altieri, 1999).

En la sierra, para muchos autores, por lo general se practica una agricultura de subsistencia en tierras fragmentadas constituyendo un sistema minifundista (pequeñas unidades agrícolas) con prácticas agrícolas tradicionales y algunas convencionales, las mismas que están generando en mayor o menor medida la degradación de los suelos, aspecto importante en el presente estudio. Las parcelas campesinas son pequeñas en tamaño pero con producción continua que sirve para satisfacer la subsistencia y exigencias del mercado (Altieri, 1999), de esta manera los productores que destinan la mayor parte de la producción al uso dentro de la unidad productiva, se encuentran en un medio de subsistencia (Caballero, 2003).

Estas explotaciones del terreno en una determinada superficie agrícola, es necesario analizarlos y estudiarlos con la finalidad de observar su repercusión en la producción sustentable.

Un aspecto importante que caracteriza a estas pequeñas unidades, es la forma como se aprovecha la superficie agrícola; por ello es necesario analizar el uso de las tierras como agroecosistemas, escenarios de actuación como en los casos de las microcuencas de la parte alta de la cuenca hidrográfica del río Moche, que es materia del estudio.

Como indican algunos autores, el deterioro o desequilibrios que se estarían originando en los agroecosistemas respecto a los recursos, es mayormente por una inadecuada utilización de los suelos, produciéndose fenómenos diversos. Como la taza de erosión de los suelos en la región andina, que alcanza cifras verdaderamente alarmantes, que superan ampliamente los límites de tolerancia de pérdida de suelo (Carmen-Morales, 2002); en la sierra la erosión hídrica está provocando pérdida de suelos agrícolas en las laderas, y en las ciudades está el fenómeno de la disposición clandestina (Gonzáles, 2004). Lo procesos avanzados de erosión pueden llevar a la desertificación y varios casos han sido observados en los Estados de Río Grande del Sur, Bahía y Pernambuco en el Brasil (Ehlers, 1999).

La erosión adversa afecta la productividad de cosechas reduciendo el aprovechamiento del agua, de los nutrientes, de los microorganismos del suelo, la materia orgánica y la profundidad del suelo (OTA, 1982) en Paoletti et al (1993).

En general la degradación de los recursos naturales genera, a su vez, mayor pobreza, desesperanza y migración. A esto se suman los efectos de los modelos de extracción intensiva, cuyas prácticas poco amigables con la naturaleza acrecientan el problema. Erosión, compactación, pérdida de nutrientes, acidificación, pérdida de materia orgánica, salinización, sodificación, anegamiento, son algunas de las consecuencias. Estas, a su vez, causan una degradación continua de las propiedades físicas, químicas y biológicas del suelo, en detrimento de su capacidad productiva.
Frente a esta realidad, se plantea el problema de lo siguiente:

4.1 PROBLEMA

¿En qué medida se produce la degradación de suelos en los agros ecosistemas de la cuenca alta del río Moche?

4.2 SISTEMATIZACIÓN DEL PROBLEMA:

- ¿En qué medida se erosionan los suelos como resultado de los efectos de clima, procesos productivos en los agro-ecosistemas y el manejo de suelos?
- ¿Cuáles son los niveles de contaminación en los ríos de la cuenca alta de Moche?
- ¿Qué nivel de tecnología agropecuaria tienen los campesinos de la cuenca alta de Moche y como afectan al ecosistema?

V. OBJETIVOS

5.1 OBJETIVO GENERAL

Evaluar los agro-ecosistemas en la cuenca alta del río Moche en relación a los factores de clima, manejo del suelo y procesos de producción que influyen en las características del agua, la degradación de los suelos y los desequilibrios en los sistemas agrícolas.

5.2 OBJETIVOS ESPECÍFICOS:

a. Evaluar los agro-ecosistemas predominantes en la zona de estudio, y su influencia en las características del agua de la cuenca, desde el punto de vista de conservación del medio ambiente.
b. Analizar los sistemas agrícolas que desarrollan los agricultores en las microcuencas seleccionadas.
c. Determinar los factores que pueden generar desequilibrios en los agro-ecosistemas.
d. Evaluar los procesos de degradación de suelos en los agro-ecosistemas.

VI. MARCO TEÓRICO

El presente trabajo comprende el estudio de espacios de territorio, considerados como unidades de planificación, en el que se encuentran diferentes medios físicos, integrado por el suelo, subsuelo, geología, recursos hídricos y clima (precipitación, temperatura, radiación, evaporación, entre otros), que se interrelacionan entre ellos y también con el hombre. Estas relaciones, que se establecen tienen una orientación social y económica en base a una cultura; como tal, ocurren procesos que son dinámicos, principalmente de producción de alimentos, organizándose los sistemas de producción agrícola. Por lo que, el estudio se basa en la ***teoría de sistemas*** a fin de tener una visión de conjunto y enfocar la evaluación de los agro ecosistemas desde el punto de vista de conservación de los recursos naturales renovables.

6.1 TEORÍA DE SISTEMAS

La teoría de sistemas visualiza una situación como un todo; reconoce las interacciones de los componentes dentro y fuera del sistema, en el proceso de transformación de los insumos en productos finales; y hace hincapié en la jerarquía de los sistemas, mediante la cual cada sistema forma parte de un sistema mayor y a su vez está conformado por subsistemas (FAO, 1991).

Refiriéndonos a los ecosistemas, se puede anotar en principio lo que es un sistema, partiendo del conocimiento formal lógico-matemático; un conjunto de elementos que se relacionan y actuando interdependientemente tratan de lograr objetivos. Vinculando este término sistema al medio de vida natural podemos establecer o estructurar el ecosistema definido como un medio en el cual se relacionan los organismos con su hábitat. También podemos citar lo que en algunos textos encontramos la definición de ecosistema como la relación que hay entre los aspectos bióticos y abióticos, quizás estos términos están más vinculados al interés de la biología, de todas maneras nos indican las relaciones que hay entre los componentes del sistema, es decir que interactúan y son interdependientes. Estos conceptos podríamos ilustrar con la gráfica de la figura 1, sistema de agricultura familiar.

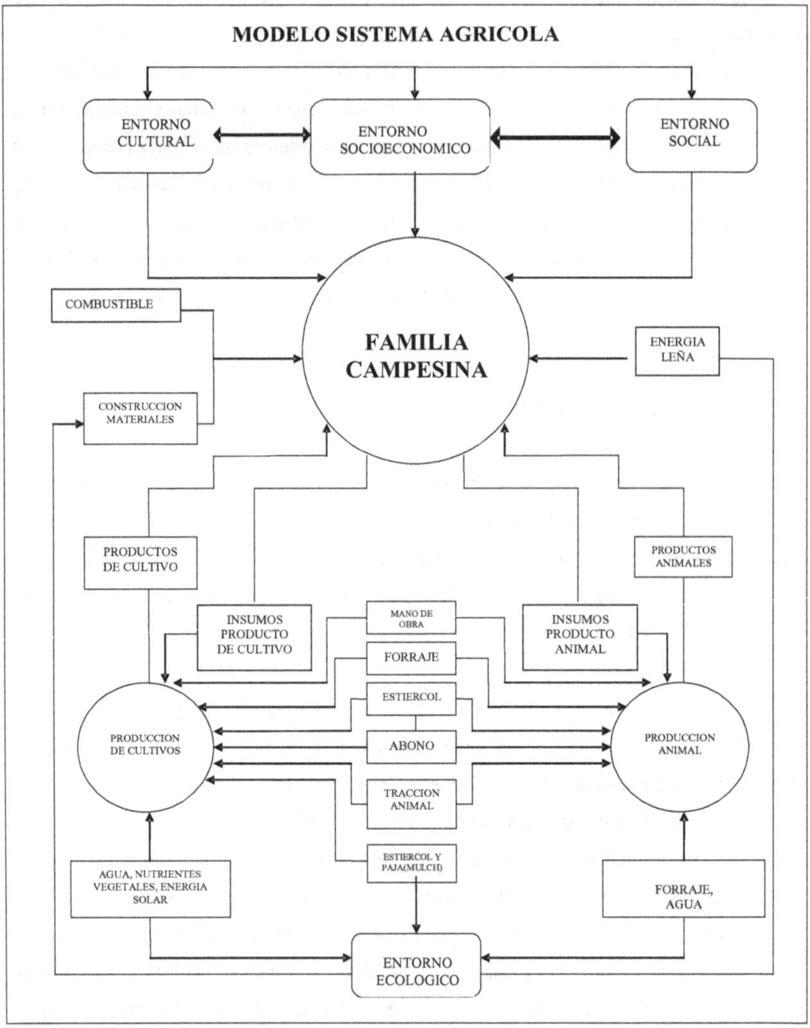

Figura 1. Modelo de sistema agrícola familiar

Fuente: Adaptado de FAO. 1991

6.2 CUENCA Y MICROCUENCA

El término cuenca es entendido como un espacio de territorio definido por un río, al cual fluyen riachuelos o quebradas que vendrían a ser las microcuencas, que en su curso longitudinal forma un valle, alimentado por las precipitaciones en las áreas determinadas. Este espacio está delimitado por la divisoria de las aguas "divortium aquarium" en las cotas más altas de los cerros que dividen la caída de las lluvias entre las dos vertientes vecinas. Desde lo alto se puede observar las quebradas que son cerros "arrugados" integrantes de ese gran espacio la cuenca considerado como unidad de planificación y desarrollo socio-económico.

6.2.1 CUENCA HIDROGRÁFICA

Es el espacio de territorio delimitado por la línea divisoria de las aguas, conformado por un sistema hídrico que conducen sus aguas a un río principal, a un río muy grande, a un lago o a un mar (Fig. 2). Este es un ámbito tridimensional que integra las interacciones entre la cobertura sobre el terreno, las profundidades del suelo y el entorno de la línea divisoria de las aguas.

El espacio geográfico natural denominado "cuenca" es concebido como una unidad de gestión del territorio, para integrar la actividad económica que se desarrolla en este espacio acorde a un manejo racional e integral de los recursos naturales, orientado hacia el desarrollo agrario en términos de sostenibilidad económica, social y ambiental.

En la cuenca hidrográfica se encuentran los recursos naturales y la infraestructura creada por las personas, en las cuales desarrollan sus actividades económicas y sociales generando diferentes efectos favorables y no favorables para el bienestar humano. No existe ningún punto de la tierra que no pertenezca a una cuenca hidrográfica.

Según el concepto difundido por el Proyecto de Manejo de Cuencas Hidrográficas y Conservación de Suelos (PRONAMACHCS) del Ministerio de Agricultura, la cuenca hidrográfica es el ámbito geográfico donde toda la lluvia que cae, al final se concentra en un sola desembocadura o cauce principal. Su lindero se llama "divisoria de aguas". En una cuenca hidrográfica existen numerosas quebradas y manantiales que discurren sus aguas hacia la misma desembocadura.

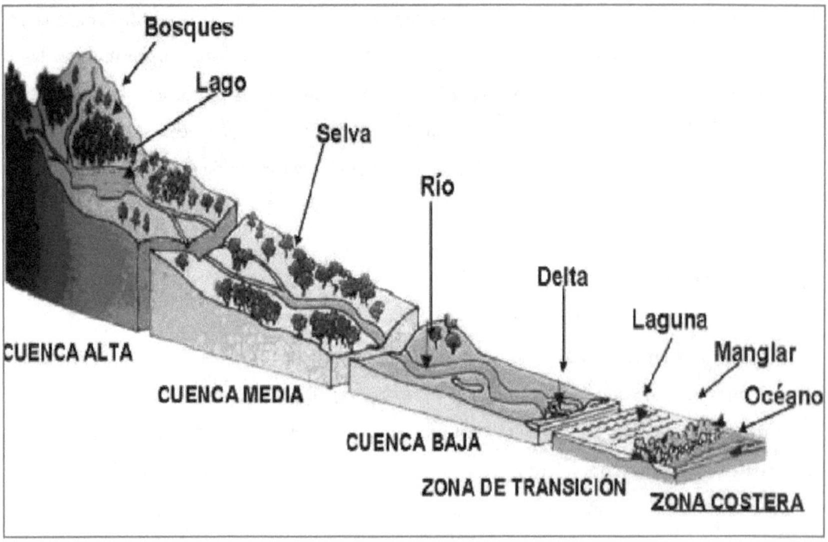

Figura 2. Cuenca hidrográfica
Fuente: http://cuencahidrograficacauya.blogspot.com/?zx=da05c25e216e8443/2011

6.2.2 MICROCUENCA

El término de microcuenca se define como espacios pequeños de territorio delimitados por la divisoria de aguas, cuyas extensiones se establecen hasta 10 000 hectáreas.
Las micro cuencas serranas constituyen ecosistemas de montañas, dentro de las cuales se hallan los agroecosistemas campesinos, que juegan un papel muy importante en la medida que son las sociedades campesinas las que transforman y moldean decisivamente estos ecosistemas con su trabajo.

De acuerdo a los estudios del Ministerio de Agricultura, se considera microcuenca a los espacios entre 1000 y 10000 ha, la subcuenca con 10000 a 70000 ha y las cuencas con 70000 o más ha. La gestión de estos espacios, como un servicio de desarrollo tecnológico en el Perú, está a cargo del Programa Nacional de Manejo de Cuencas Hidrográficas y Conservación de Suelos (PRONAMACHCS).

Es conveniente, diferenciar el significado de cuenca y el manejo de cuencas del concepto de Ordenamiento Ambiental Territorial, que este término, por su parte, es definido en el Reglamento de la Ley Marco del Sistema de Nacional de Gestión Ambiental (D.S No. 008-2005-PCM) como sigue: "El ordenamiento ambiental del territorio es un instrumento que forma parte de la política de ordenamiento territorial. Es un proceso técnico-político orientado a la definición de criterios e indicadores ambientales para la asignación de usos territoriales y la ocupación ordenada del territorio".

6.3 AGRICULTURA SUSTENTABLE

La agricultura sustentable generalmente se refiere a un modo de producción agrícola que intenta proveer rendimientos sostenidos durante largo tiempo mediante el uso de tecnologías ecológicamente probadas. Esto requiere que la agricultura sea considerada como un ecosistema, que sería la base para el término agro ecosistema (Altieri, 1999).

Según Franceschetti y Fussetti (1993) muchos autores concuerdan en afirmar que el principal problema que la agricultura deberá afrontar en el futuro será justo la compatibilidad con el ambiente, principalmente en términos de recursos naturales.

En la Declaración de Río, en el capítulo XIII referido a la ordenación de los ecosistemas frágiles, la gestión por cuencas aparece como una alternativa para el desarrollo sostenible de las zonas de montaña (Stecher, 1995). Ciertamente esta metodología de trabajo en la práctica de alguna manera se viene realizando con énfasis en las partes altas andinas, a partir de los 3500 m.s.n.m hasta los 4800 m.s.n.m, pisos altitudinales en los cuales están comprendidos las regiones naturales quechua, suni o jalca y puna; las instituciones públicas y privadas como ONG´s hacen los esfuerzos necesarios en mantener o mejorar la productividad de los ecosistemas. Pero para este tipo de desarrollo sustentable o sostenible será necesario establecer y desarrollar las políticas de estado, diseñando estrategias de desarrollo rural.

Para la aplicación de las políticas y estrategias será necesario tener en cuenta esa dimensión de verticalidad fundamental en el funcionamiento de una cuenca. Como refiere Amat y León (2006), desde las cumbres nevadas hasta la orilla del mar por la pendiente oeste y hasta el llano amazónico por la pendiente este, median más de 5000 metros de diferencia de altitud en un espacio muy reducido, lo que origina la formación de múltiples ecosistemas; en estos escenarios se pueden observar diferentes formas de vida, calidades de suelo, ciclo del agua, vegetación, radiación solar, vientos, variaciones de temperatura, sistemas de producción y asentamientos humanos con diferencias culturales.

Analizando estos aspectos se puede planificar el desarrollo integral de las cuencas, que en cuyos espacios menores encontramos los predios o agro ecosistemas que requieren de un manejo adecuado; los análisis del espacio percibido es cualitativo-subjetivo y el análisis del espacio natural, a partir de una información mayormente cuantitativa, cuyo carácter es más objetivo.

Para los planteamientos de desarrollo de los espacios en las montañas andinas, se considera básico el componente suelo. La vocación de los suelos varía en cada una de las partes de la microcuenca; en casi la generalidad de los casos, la parte alta tiene vocación para la ganadería y las partes media y baja para la agricultura (CCTA, CENTRO IDEAS, CCAIJO, 1999).

Actualmente las áreas de las praderas naturales tienden a degradarse por efectos de erosión de suelos y sobrepastoreo. Esta situación conduce a una reflexión y hace notar que unas de las consecuencias más dramáticas de la degradación de un ecosistema es la pérdida de capacidad para seguir produciendo agua, recurso que es indispensable para la vida en todas sus manifestaciones (Yánez, J et al., 1987). Por tanto, la preocupación es general para el manejo y conservación de los recursos naturales; siendo la idea planificar el territorio en sus diferentes niveles con una metodología participativa, considerando a todos los actores sociales para llegar a una concertación sobre el desarrollo de los espacios a que nos hemos referido, tal como propone Dourojeanni y Lenzi, (1986). Entonces esto supone mayores análisis acerca de la fragilidad de los ecosistemas y de la actuación de los involucrados:

Organizaciones campesinas, agricultores, ganaderos, población civil, instituciones públicas y otros entes vinculados en esas relaciones naturales existentes en los sistemas de cuencas y ecosistemas.

En esta concepción del desarrollo sostenible como reflexión se quiere hacer referencia, a uno de los medios tan fundamentales como el agua que sustenta la actividad socio-económica en el campo agrario, al suelo agrícola, que es el más vulnerable y afectado en los sistemas de producción por los fenómenos naturales como por la acción humana; ocasionando degradación y pérdida de fertilidad, que al respecto existen tratados para su prevención y conservación.

En este sentido queremos citar y hacer mención, algunos pensamientos o referencias, de lo que está ocurriendo en agro ecosistemas y lo que se podría hacer como medidas estratégicas para contribuir al desarrollo de una agricultura sustentable.

6.4 AGROECOSISTEMA

Los elementos básicos de un agroecosistema sustentable son la conservación de los recursos renovables, la adaptación del cultivo al medio ambiente y la mantención de niveles moderados, pero sustentables de productividad. Para enfatizar la sustentabilidad ecológica de largo plazo en lugar de la productividad de corto plazo, el sistema de producción debe (Altieri, 1987):

1. Reducir el uso de energía y recursos y regular la inversión total de energía de manera de obtener una relación alta de producción/inversión.
2. Reducir las pérdidas de nutrimentos mediante la contención efectiva de la lixiviación, escurrimiento y erosión y mejorar el reciclado de nutrimentos mediante la utilización de leguminosas, abonos orgánicos, compost y otros mecanismos efectivos de reciclado.
3. Estimular la producción local de cultivos adaptados al conjunto natural y socio económico.
4. Sustentar una producción neta deseada mediante la preservación de los recursos naturales, esto es, mediante la minimización de la degradación del suelo.
5. Reducir los costos y aumentar la eficiencia y viabilidad económica de las granjas de pequeño y mediano tamaño, promoviendo así un sistema agrícola diverso y flexible.

Desde un punto de vista de manejo, los componentes básicos de un agro ecosistema sustentable incluyen:

1. Cubierta vegetativa como una medida efectiva de conservación del suelo y el agua, mediante el uso de prácticas de cero-labranza, cultivos con "mulches", uso de cultivos de cubierta, etc.
2. Suplementación regular de materia orgánica mediante la incorporación regular de abono orgánico y compost y promoción de la actividad biótica del suelo.
3. Mecanismos de reciclado de nutrimentos mediante el uso de rotaciones de cultivos, sistemas de mezclas cultivos/ganado, sistemas agroforestales y de intercultivos basados en leguminosas, etc.
4. Regulación de plagas asegurada mediante la actividad estimulada de los agentes de control biológico alcanzada mediante la manipulación de la biodiversidad y por la introducción y/o conservación de los enemigos naturales.

El término "agroecosistema" (o "ecosistema agrícola") ha sido propuesto también por Miguel Altieri, que, en su concepto, permite integrar los factores que intervienen en el proceso real de la agricultura, pues los procesos de los ecosistemas naturales actúan en los agro-ecosistemas, "pero en una forma alterada". Y precisa:

"Un agroecosistema, se diferencia entonces de un ecosistema natural al responder y reflejar presiones socio-económicos, además de factores ecológicos. La agricultura refleja la co-evolución entre cultura y medio ambiente. El concepto de un agroecosistema debe ser expandido para incluir la relación dinámica de las culturas humanas y sus entornos físicos, biológicos y sociales".

A través del mundo, los agroecosistemas difieren en edad, diversidad, estructura y manejo. De hecho, existen una gran variabilidad en los modelos ecológicos y agronómicos básicos que caracterizan los varios agro ecosistemas dominantes (Altieri, 1999)

6.5 LOS SUELOS

El escenario de los suelos del país presenta un conjunto de condiciones o deficiencias, que limitan la disponibilidad de tierras para propósitos agrícolas. Sólo el 5,92% de la superficie nacional (7,6 millones de ha) son tierras de aptitud agrícola. El 94% restante ofrece limitaciones serias para la agricultura, pero sí posibilidades para actividades pecuarias, forestales, hidroenergía, turismo, manejo de fauna, etc (ONERN, 1982)

6.5.1 DEGRADACIÓN DEL SUELO

La degradación del suelo es el proceso por el cual el suelo experimenta una disminución de su calidad, entendiendo por ésta, a la capacidad para mantener sus funciones: Productiva y ambientales.

La degradación de los suelos está ligada a la erosión, pérdida de la fertilidad, contaminación, salinización y compactación de los suelos.

Según Amézquita (1992), la degradación se refiere a la pérdida del potencial productivo de un suelo, por deterioro de sus propiedades físicas, químicas o biológicas, como consecuencia del uso de prácticas agrícolas inapropiadas a través del tiempo.

La degradación de la productividad del suelo se puede originar por varios agentes y procesos (Pla, 1988). La FAO considera la mala gestión de la tierra como principal responsable de la degradación de suelos. Sin embargo, aclara que los fenómenos climáticos también inciden en su expansión.

A pesar que el Perú tiene muy escasas tierras agrícolas y pecuarias, se produce una continua degradación por la combinación de factores naturales y las malas técnicas empleadas en la agricultura y la ganadería. Como consecuencia de ello hay un deterioro de las propiedades físicas, químicas y biológicas aisladamente o en forma combinada, que impiden o limitan el buen desarrollo de cultivos y de buenas cosechas.

- **Fenómenos asociados a la degradación de los suelos**

  A través de las actividades relacionadas con la agricultura (quema de vegetación, roturación de la tierra), así como el pastoreo de ganado, explotación forestal, desarrollos urbanos e industriales, operaciones mineras, construcción de vías de comunicación entre otras, el hombre ha alterado el equilibrio ecológico en los suelos conduciendo a veces a situaciones desastrosas (Pla, 1988).

6.5.2 LA EROSIÓN DEL SUELO

La erosión del suelo es definida como un proceso de desagregación, transporte y deposición de materiales del suelo por agentes erosivos (Ellison, 1947). Los agentes erosivos dinámicos, en el caso de la erosión hídrica son la lluvia y el escurrimiento superficial o las inundaciones.

La erosión de suelo es un problema ambiental muy serio que está afectando a la mayoría de los países de América Latina. Este problema es mucho más dramático que la reducción de la capa protectiva de ozono y la posibilidad de un efecto de invernadero, porque está afectando actualmente la subsistencia de millones de personas (FAO, 1993).

La erosión es uno de los principales problemas de la agricultura en el mundo, no sólo porque afecta directamente el sitio donde ocurre, sino también a los efectos de sedimentación y contaminación que provoca. La pérdida de tierra cultivable en el mundo es estimada entre 5 y 7 millones de hectáreas por año (Marelli, 2004).

La degradación de suelos es como una crisis silenciosa que está avanzando tan rápidamente en América Latina (AL) que pocos países tienen la esperanza de alcanzar una agricultura sostenible en un futuro próximo (Benites et al., 1992).

a. Erodabilidad y su relación con los agregados del suelo.

La erodabilidad del suelo (susceptibilidad del suelo a la erosión) es considerada como una propiedad inherente, que depende de numerosos parámetros hidrológicos, texturales y estructurales (El-Swaify, 1981). Conseguir entender como cada uno de estos parámetros afectan la erodabilidad es valioso, ya que con ello se logran predicciones de la susceptibilidad de un suelo a la erosión, con menos esfuerzo, costos y tiempo, que los requeridos por medios experimentales bajo lluvia natural o bajo lluvias simuladas. Es por esta razón que muchos investigadores aproximan estos problemas a pruebas para establecer índices de erodabilidad, para usos directo en la cuantificación productiva y de pérdida de suelos por erosión (Yamamoto y Anderson, 1973 citados por El-Swaify, 1981).

Sin embargo, algunos autores, han publicado ecuaciones para la predicción de factores de erodabilidad del suelo, mediante la selección de parámetros básicos del suelo o por combinación de ellos (Barnet y Rogers, 1966; Wischmeier y Mannering, 1969 citados por El-Swaify, 1981).

La particularidad de vulnerabilidad, de los suelos con pendientes de naturaleza sumamente erodables, contribuyen a altas tasas de erosión, sobre todo en los suelos pobremente protegidos (Nguyen, et al., 2007); es decir en aquellos suelos que no tienen la adecuada cobertura vegetal. Como sucede en el ámbito del estudio; una marcada vulnerabilidad por la presencia de pendientes y la falta de vegetación que proteja al suelo de los procesos erosivos.

b. Clases de erosión

Una clasificación muy general es **erosión hídrica**, **eólica** y por **laboreo**. Las dos primeras suceden en condiciones naturales. Sin embargo, el hombre, mediante prácticas, tiende a acelerarla, hasta el punto de que las pérdidas no pueden ser compensadas por las tasas naturales de formación del suelo. Por el contrario, la **erosión por laboreo** es un fenómeno antrópico, por la intervención humana a través de sus prácticas y tecnologías (Dorronsoro et al., 2006).

En cuanto a los efectos erosivos de los ríos, se hace mención a la erosión de los cauces fluviales, que se produce por incisión de las aguas pluviales o por el desplazamiento lateral de los propios cursos de los ríos, originando la erosión de las márgenes fluviales.

6.6 EL AGUA

El agua como el suelo es un recurso escaso, se estima que de toda el agua que hay en la tierra, el 97,14% de la cantidad total del agua superficial, sólo el 2,59% es agua dulce. De este 2,59% otro porcentaje está atrapado en forma de casquetes polares, que es 2%. El resto de esta agua dulce es agua subterránea (el 0,592%), o es agua fácilmente accesible en lagos, aguas corrientes, ríos, etc. (el 0.014%) (LENNTECH, 1998). La utilización del agua en los diferentes servicios de las necesidades humanas ya está generando conflictos;

exigiendo la gestión sustentable como propone la Comisión Económica para América Latina (CEPAL).

En la cumbre de la tierra, reunida en Río de Janeiro (Brasil, 1992), se aprobó un plan de acción mundial denominado Agenda 21 que considera el concepto de desarrollo sostenible. En su capítulo 13 sobre Desarrollo Sostenible de las Zonas de Montaña, ese documento sostiene que las montañas son una fuente importante de agua, energía y diversidad biológica.

La escasez relativa de agua se incrementará constantemente con el tiempo, producto del crecimiento económico, demandas sociales y cambios climáticos. La competencia entre usuarios será cada vez más drástica y despiadada por lo que se requiere disponer de leyes e instituciones para gestionar adecuadamente el sistema (CEPAL, 2008)

En el proceso productivo de la actividad agropecuaria, es indispensable el uso del agua con características físicas y químicas adecuadas para el desarrollo óptimo de las plantas.

En la sierra, para el regadío en la agricultura el agua como recurso hídrico proviene de las precipitaciones, como producto del ciclo hidrológico en la naturaleza, aprovechadas generalmente en un sistema de riego denominado en condiciones de secano, aún cuando en forma muy limitada se cuenta con agua proveniente de desviaciones de los causes de ríos, de reservorios y de manantiales que son empleados en su mayoría en el sistema de riego superficial o por gravedad con las consiguientes pérdidas hasta en un 40 %, por evaporación y percolación en las vías de canales y en la misma aplicación de los riegos.

Con la utilización de este insumo, como componente solvente para la aplicación de productos químicos en las actividades agropecuarias se origina contaminación a niveles de la atmósfera, del suelo y el acuífero; ocasionando daños al medio ambiente, que siempre son materia de estudios con el objetivo de conservar los recursos naturales y orientar el desarrollo de la agricultura sustentable.

6.7 EL CLIMA

El clima es sin duda el más importante de todos los factores que influyen en la producción y, dentro de él, el componente de mayor gravitación es la radiación solar; pues de ella depende la fotosíntesis sin la cual no hay desarrollo alguno en el proceso fenológico de las plantas en general.

En cualquier escenario el clima, en conjunción con los otros factores geológico, fisiográfico, geomorfológico y de vegetación, en una perspectiva de análisis de las potencialidades o limitaciones del territorio, es caracterizado para conocer los condicionantes en las unidades de paisaje, que serán los que orienten la utilización adecuada de los recursos naturales.

La zona de estudio presenta condiciones de clima muy marcadas en épocas de invierno y verano; la estación de verano, por lo general se caracteriza por ser una época lluviosa en el que las precipitaciones varían de 200 mm a 800 mm por año; en contraste con la época de invierno seco de clima aparentemente semiárido. Las características térmicas también son variables, fluctuando entre 12°C y 17°C. El cuadro pluvial que domina en el ámbito de las microcuencas Huangamarca y Pollo, permite desarrollar una agricultura de cultivos en limpio de secano en su mayor extensión.

6.8 LA CONTAMINACIÓN

La polución o contaminación de los suelos se produce por la acumulación de basuras, sustancias tóxicas aplicadas en exceso (pesticidas y fertilizantes químicos), los gases de centros mineros, y la aplicación de aguas contaminadas por desechos mineros (relaves).

La lluvia ácida es un serio problema medio ambiental que afronta el planeta tierra. Se produce por las emisiones de óxidos de azufre y nitrógeno que reaccionan en el espacio con la luz solar, el vapor del agua, el oxígeno y oxidantes para formar ácidos nítrico y sulfúrico. Estos compuestos luego caen a la tierra en forma seca como gas, partículas, aerosoles o formas húmedas como lluvia, nieve, niebla y vapor de agua (Arauzo, 2006).

VII. MARCO CONCEPTUAL

El presente trabajo de investigación de tipo descriptivo y explicativo, fundamentalmente, se basa en la teoría de sistemas; teniendo como unidad de análisis al agroecosistema, en el que se estudia el efecto de las condiciones de clima, del manejo del suelo y de los sistemas de producción en la degradación de los suelos de la cuenca alta del río Moche; por lo que fueron seleccionadas las microcuencas de Pollo y Huangamarca de la provincia de Otuzco, departamento de La Libertad.

Por el supuesto de que las citadas microcuencas, son zonas vulnerables, como otras también; y por significar las despensas más cercanas para el abastecimiento de productos agropecuarios a la localidad de Otuzco y a la ciudad de Trujillo (La Libertad), se efectuaron los estudios de las series meteorológicas, pérdidas de suelo y agua y contaminación de los ríos; relacionando estos aspectos, permitieron conocer la pérdida de suelo, calidad y degradación de los suelos.

Como metodología de trabajo, en el campo se instalaron los pluviógrafos y lisímetros en cada microcuenca; se construyeron medidores – sedimentadores. Equipos e instalaciones que permitieron obtener información de precipitaciones; muestras de suelo y agua para determinar las pérdidas de suelo, agua y contaminación.

Los trabajos experimentales realizados, con sus análisis respectivos, en dos escenarios diferentes de microcuencas y la aplicación de encuestas de investigación a los agricultores, nos permite afirmar la consistencia y el carácter científico y tecnológico de los trabajos de evaluación de agro ecosistemas en la cuenca alta del río Moche.

VIII. FORMULACIÓN DE HIPOTESIS

Considerando el estudio plasmado en el marco teórico de este trabajo y frente al problema planteado y su sistematización (capítulo IV), en relación a los aspectos específicos del plan de investigación, se formula la siguiente HIPÓTESIS:

La evaluación de los factores que afectan los agroecosistemas en la parte alta de la cuenca Moche, permite encontrar resultados de degradación de suelos por la influencia del clima, el manejo del suelo y los procesos de producción.

IX. MATERIALES Y MÉTODOS

9.1 SELECCIÓN DEL ÁREA DE ESTUDIO DE LA CUENCA DE DRENAJE

La selección fue efectuada en base a su altitud, a sus características fisiográficas y de precipitación pluvial. Se procedió a un reconocimiento general del área apoyada en el mapa cartográfico y trabajo de campo para obtener datos geomorfológicos, edáficos, hidrográficos y de uso de los suelos seleccionados en la provincia de Otuzco: Subcuenca de Otuzco, territorio perteneciente a la cuenca hidrográfica del río Moche, como se puede apreciar en el mapa de ubicación del departamento de La Libertad de la figura 3.

Estas variables fueron seleccionadas previo reconocimiento de las microcuencas Huangamarca y Pollo que son diferentes.

La ciudad de Otuzco se ubica a 73 km. en dirección este de la ciudad de Trujillo, departamento de La Libertad, y tiene las coordenadas siguientes: Altitud, 2627 metros sobre el nivel del mar, Latitud sur 7° 48' 11" y 78° 34' 18" de Longitud oeste de GRENWICH, según información del Instituto Geográfico Militar.

El trabajo de investigación se encuentra en la parte alta de la cuenca del río Moche, a una altitud *entre 2600 y 4000 m.s.n.m.*, en la que se encuentran las microcuencas Huangamarca y Pollo, consideradas como las zonas de estudio que pertenecen a la provincia de Otuzco, Dpto. de La Libertad. Caracterizado por un clima semiseco templado y de suelos en general sedimentarios de textura franco arenosos y arcillosos.

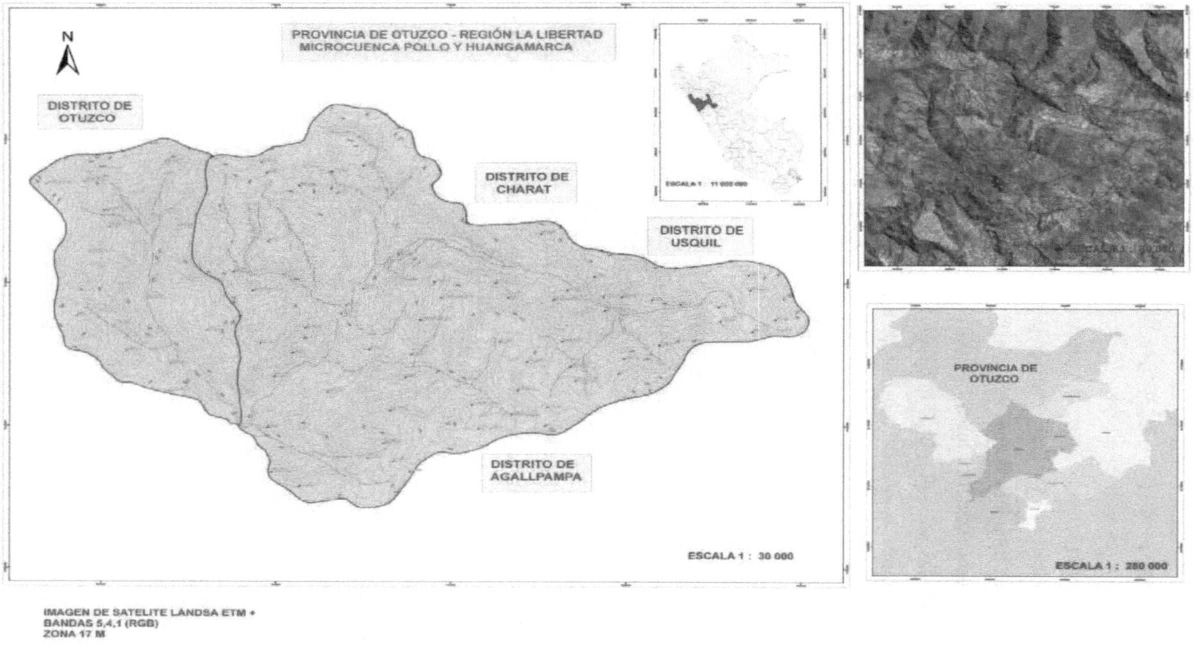

Figura 3. Mapa de ubicación de las microcuencas Pollo y Huangamarca

9.2 SELECCIÓN DE MICROCUENCAS

El objetivo en esta fase es seleccionar las microcuencas y determinar el efecto de las características climáticas en la degradación de los suelos, efectuando estudios de campo, en el cual se ubican los agricultores en coexistencia con los recursos naturales formando corredores económicos en los que pretenden gestionar el territorio. A tal efecto, se elaboró los mapas base de las microcuencas Pollo y Huangamarca (ver figuras 4 y 5), en *función* a los mapas cartográficos del Instituto Geográfico Nacional (IGN), los cuales posibilitaron los estudios de las variables físicas y biológicas, fundamentalmente el efecto de las características climáticas en la degradación de los suelos.

9.3 CARACTERIZACIÓN DE MICROCUENCAS

Para caracterizar las microcuencas Pollo y Huangamarca se consideró las variables físicas y biológicas, que son: Clima, geología, capacidad de uso mayor de las tierras, suelos, vegetación e hidrografía, estudiados a nivel de campo en base a la información cartográfica del Servicio Nacional de Meteorología e Hidrología (SENAMHI), para el caso de clima; Instituto Nacional de Recursos Naturales (INRENA) y del Instituto Geográfico Nacional (IGN) para las demás variables; habiéndose georeferenciado con el apoyo del Sistema de Información Geográfica y generado los mapas temáticos a escala 1: 70000 en proyección Universal Transversal de Mercator (UTM) que permiten efectuar la descripción como sigue.

9.3. 1 CLIMA

La clasificación climática de las zonas de estudio está apoyada en los datos meteorológicos de un promedio de veinte años del Sistema Nacional de Meteorología e Hidrología.

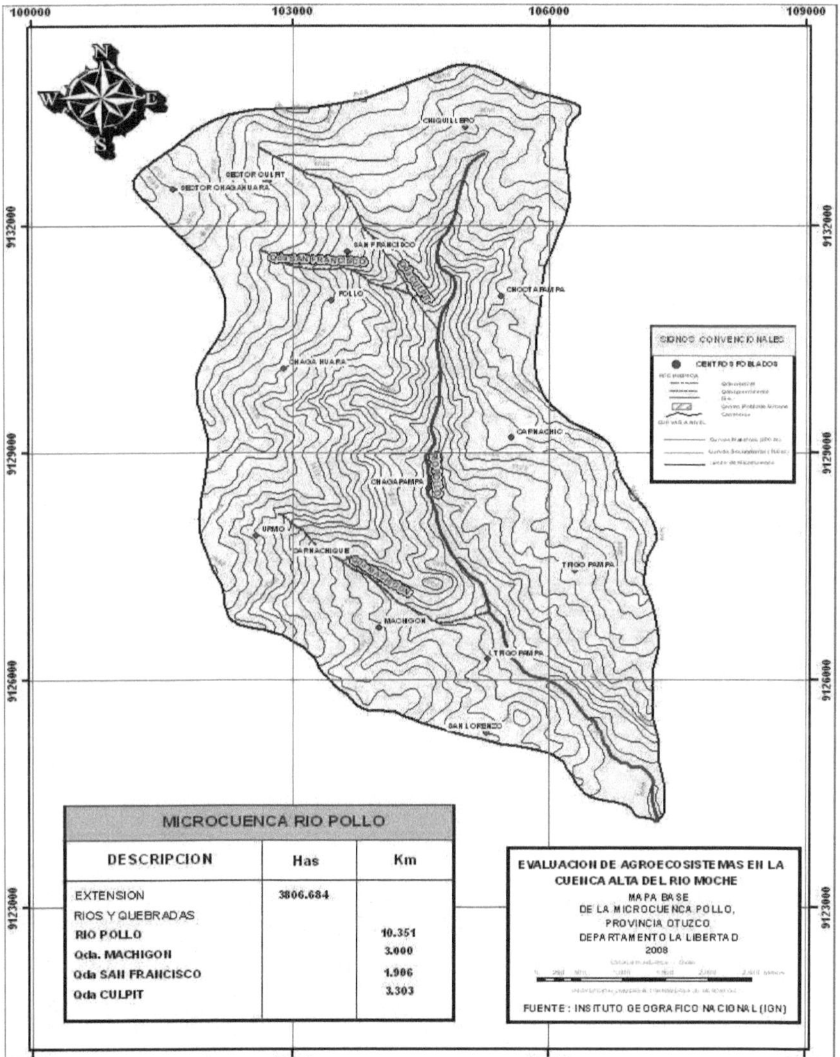

Figura 4. Mapa base de la Microcuenca Pollo

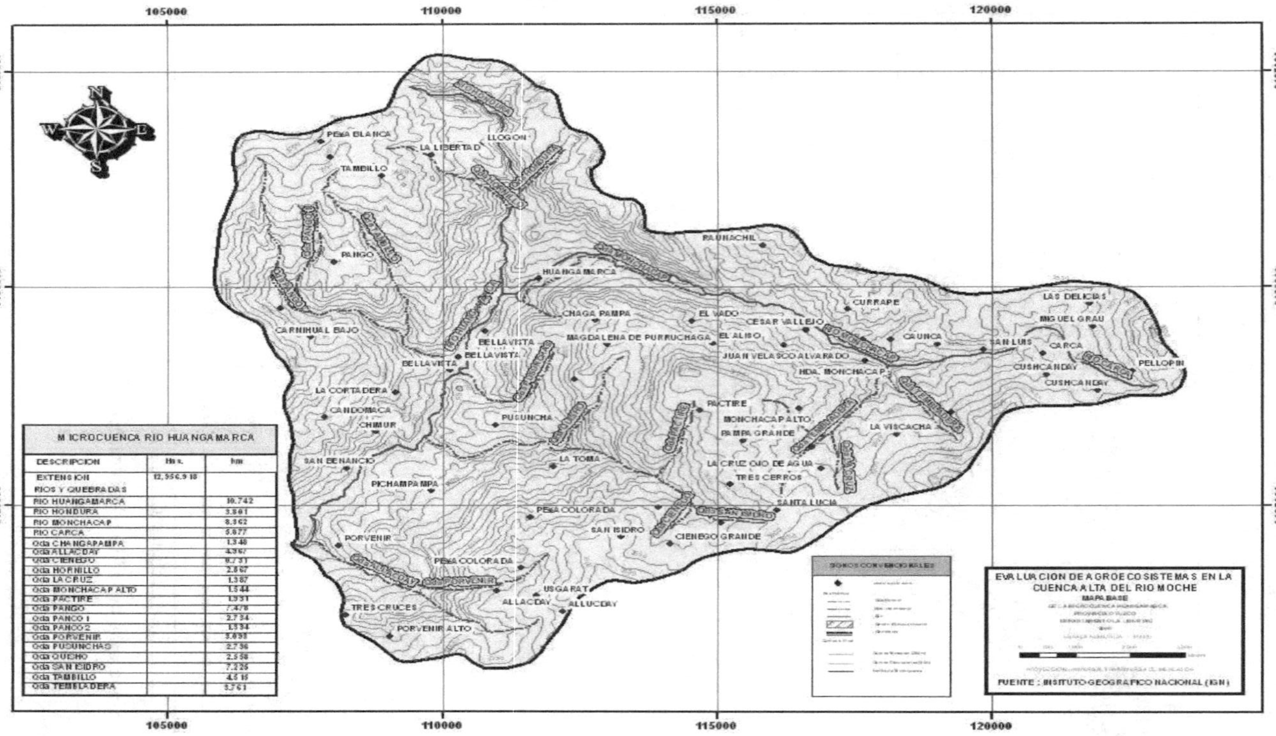

MICROCUENCA RIO HUANGAMARCA		
DESCRIPCION	Ha s.	km
EXTENSION	12,956.918	
RIOS Y QUEBRADAS		
RIO HUANGAMARCA		10.742
RIO HONDURA		3.801
RIO MONCHACAP		8.362
RIO CARCA		5.877
Qda CHANGAPAMPA		1.348
Qda ALLACDAY		4.967
Qda CIENEGO		0.731
Qda HORNILLO		2.867
Qda LA CRUZ		1.387
Qda MONCHACAP ALTO		1.544
Qda PACTIRE		1.931
Qda PANGO		7.478
Qda PANCO 1		2.734
Qda PANCO 2		1.334
Qda PORVENIR		3.093
Qda PUSUNCHAS		2.736
Qda QUISHO		2.558
Qda SAN ISIDRO		7.225
Qda TAMBILLO		4.515
Qda TEMBLADERA		3.761

Figura 5. Mapa base de la Microcuenca Huangamarca

(SENAMHI), información proporcionada de acuerdo con el sistema de clasificación de climas de Werren Thornthwaite.

Fisiográficamente la zona de estudio es abrupta originada por la Cordillera de los Andes y que se extiende desde las primeras estribaciones en la costa. En esta región debido al factor altitud y a la irregular topografía, se presentan variados climas, como se puede apreciar en el mapa de clasificación climática (ver anexo 4).

a. Microcuenca Pollo, está ubicada al Norte de la sede provincial Otuzco, entre altitudes que varían entre 2650 y 4000 m.s.n.m. Presenta dos zonas climáticas:

Zona semiseca, templada, con deficiencia de lluvias en otoño, invierno y primavera, con humedad relativa calificada como húmeda [$C_{(o.i.p)}B'_2H_3$].

Este tipo climático corresponde a los lugares siguientes: Otuzco, San Lorenzo, Trigopampa, Carnachique y Chagapampa.

Zona semiseca, semifría, con deficiencia de lluvias en otoño, invierno y primavera, con humedad relativa calificada como húmeda [$C_{(o.i.p)}B'_3H_3$].

Este tipo climático corresponde a los lugares siguientes: Machigón, Chagahuara, Pollo, San Francisco, Sector Culpit, Choctapampa, Nuevo Amanecer y Chiquillero.

b. Microcuenca Huangamarca, está ubicada al Nor Este de Otuzco, en altitudes que varían de 2600 a 3850 m.s.n.m. Presenta también dos zonas climáticas:

Zona semiseca, templada, con deficiencia de lluvias en otoño, invierno y primavera, con humedad relativa calificada como húmeda [$C(o.i.p)B'_2H_3$]. Correspondiendo a los siguientes lugares: Porvenir Alto, Tres Cruces, Porvenir, Walter Acevedo, Pichampampa, San Benancio, Chimur, Candomaca, La Cortadera, Bella Vista, Huangamarca y Chagapampa.

Zona semiseca, semifría, con deficiencia de lluvias en otoño, invierno y primavera, con humedad relativa calificada como húmeda [$C_{(o.i.p)}B'_3H_3$].

Este tipo climático corresponde a los siguientes lugares: Allucday, Usgarat, Allacday, Peña Colorada, San Isidro, Ciénego Grande, San Francisco del Suro, La Fortuna, Santa Lucía, Tres Cerros, Pampa Grande, La Cruz Ojo de Agua, Santa Marta, La Viscacha, Monchacap Alto, La Portada, Cushcanday, Miguel Grau, Las Delicias, Pellopín, San luis, Caunca, Monchacap, Juan Velasco Alvarado, Larizar, César Vallejo, Santa

Cecilia, Pampa Verde, Currape, El Vado, El Aliso, Magdalena de Purruchaga y Raunachil.

9.3.2 GEOLOGÍA

Geológicamente, la zona de estudio se encuentra ubicada en un ambiente de secuencia de rocas sedimentarias y volcánicas que en edad corresponden al terciario inferior. En el mapa geológico (anexo 4) se ha podido graficar y distinguir las formaciones litológicas.

Desde el punto de vista litológico- estratigráfico, en la Microcuenca Pollo se puede notar afloramientos de tipo sedimentario volcánico Calipuy (vca). Esta unidad volcánica ocupa las partes altas del flanco andino y el altiplano, en este último el relieve es relativamente moderado. Entre Otuzco y los cerros Pollo se observan intercalaciones de brechas andesíticas y tufos dacíticos de colores pardo y grisáceo en capas gruesas, algunas capas muestran cristales de pirita alterada.

En la Microcuenca Huangamarca, a 5 km. al NE de Otuzco, se ve mejor la exposición del volcánico Calipuy donde yace con discordancia angular sobre la formación Huaylas (Ti-hu). Con este nombre de Huaylas se describe una secuencia sedimentaria cuyos afloramientos se aprecian en la parte Norte de Huangamarca, en los espacios de los centros poblados de Llogón y San Juan de Llugón, como se aprecia en el mapa geológico (anexo 4). En los citados lugares la formación consiste de una serie alternante de conglomerados, areniscas y lutitas. El conjunto se presenta bien estratificado en paquetes gruesos y medianos, es de color marrón rojizo con tonalidades moradas.

Litológicamente el volcánico Calipuy está compuesto en su parte interior por derrames riolíticos, riodacíticos y dacíticos muy alterados, de colores gris y rojizo, textura porfirítica, estratificados en bancos gruesos y medianos; en esta serie se intercalan lutitas arenosas rojo violáceos en capas hasta de 1 metro de grosor, y lechos de conglomerados marrón violáceos compuestos de clastos redondeados y subredondeados de cuarcitas grises y lutitas marrones, en matriz areno-arcillosa de color chocolate (Cossío y Jaén, 1967).

La columna estratigráfica que corresponde a Otuzco, comprende una secuencia de rocas sedimentarias y volcánicas que en edad van desde el Cretáceo Superior hasta el Terciario

Inferior, a las cuales pertenecen las Microcuencas Pollo y Huangamarca. En la figura 6 se indican la posición de las formaciones, sus relaciones estratigráficas, espesores y características litológicas.

9.3. 3 GEOMORFOLOGÍA

La Geomorfología de las microcuencas Pollo y Huangamarca están referidos al estudio de sus relieves de la superficie del área en general, tomando como base los criterios geográficos y morfo-estructurales.

El territorio estudiado se encuentra en la vertiente del pacífico y comprende sectores de la sierra del departamento de La Libertad. De Oeste a Este se distingue dos unidades geomorfológicas: Uno que es el Flanco disectado de los Andes y el otro, el Altiplano.

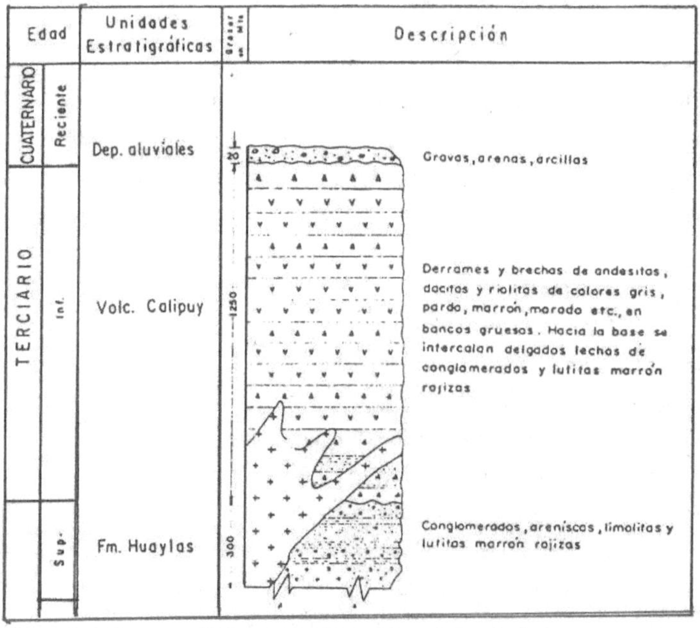

Figura 6. Columna geológica generalizada del cuadrángulo de Otuzco
Fuente: Ex Servicio de Geología y Minería, actualmente INGEMMET. 1967

a. Flanco disectado de los andes

Esta unidad se extiende entre las pampas costaneras y el borde altiplano, con altitudes que varían de 200 a 3850 m.s.n.m. Están presente las rocas volcánicas y sedimentarias cuyas edades van desde el Jurásico superior hasta el Terciario inferior, y en rocas intrusitas del batolito andino.

Esta unidad se caracteriza por su fuerte pendiente y por estar intensamente disectada por numerosos valles profundos que corren generalmente de Noreste a Suroeste. Todos los valles son jóvenes con sección transversal en "V", pisos estrechos y fuerte gradiente.

b. Altiplano

Esta unidad se desarrolla en las porciones orientales de las Microcuencas estudiadas, aproximadamente desde los 3500 m.s.n.m. Se caracteriza por su relieve de pendientes suaves, onduladas, donde existen algunas elevaciones y cadenas de cerros con formas típicas de modelado glaciar. Se considera a esta superficie, como equivalente a las áreas de Puna.

Al interior de esta unidad se observan en algunos tramos profundos cañones resultantes de las erosiones hídricas ocasionadas por los principales ríos, como son Pollo y Huangamarca; estos procesos erosivos que dan lugar a la formación de cañones, se debe a que los materiales son débiles, como caracteriza al Perú, geológicamente formado por rocas poco resistentes al intemperismo y sobre todo a la erosión originada por los torrentes de ríos.

c. Perfiles transversales

En el mapa cartográfico de cada microcuenca, se trazaron los transectos, que permitieron representar los perfiles topográficos transversales; de tal manera que, en lo que corresponde a la Microcuenca Pollo, como se observa en la figura 7 se fijaron 3 transectos a lo largo de los perfiles A-A´, A2-A3 y A4-A5; a cada línea le corresponde los perfiles transversales elaborados que se pueden apreciar en las figuras 8, 9 y 10.

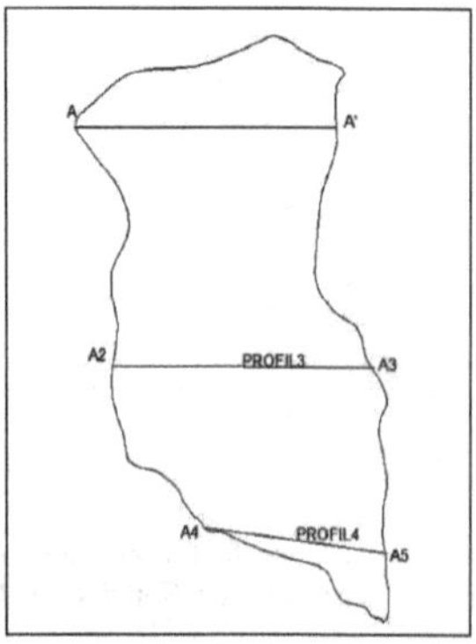

Fig. 7. Transectos de la Microcuenca Pollo
Fuente: Elaboración propia

Los referidos perfiles topográficos presentan las siguientes características:

- En la figura 8, perfil del primer transecto A-A´, se puede observar la presencia de pendientes suaves a fuertes, con el predominio de pendientes fuertes y en menor extensión se puede notar una zona plana con ligeras ondulaciones.

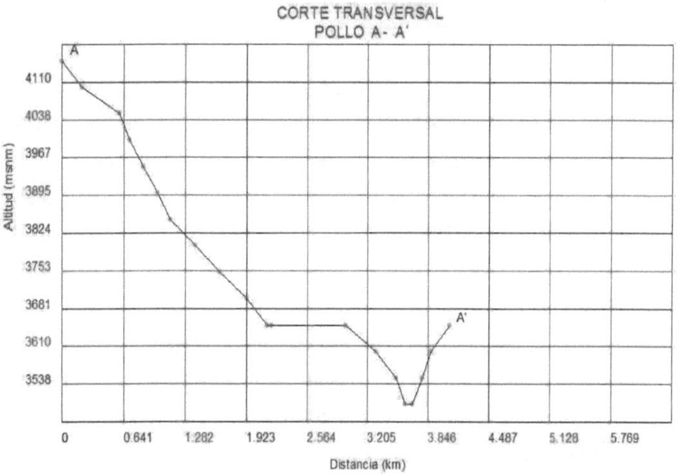

Fig. 8. Perfil transveral del primer transecto A-A´ de la Microcuenca Pollo

Fuente: Elaboración propia

- En el perfil A2-A3 (ver figura 9), que corresponde a la parte media de la Microcuenca Pollo, en general se observa un territorio con predominancia de fuertes pendientes, configurando un ecosistema frágil en esta zona media de la microcuenca; siendo la escorrentía mayor en relación a las zonas alta y baja. Como se observa el perfil tiene la forma de "V", formando el río Pollo.

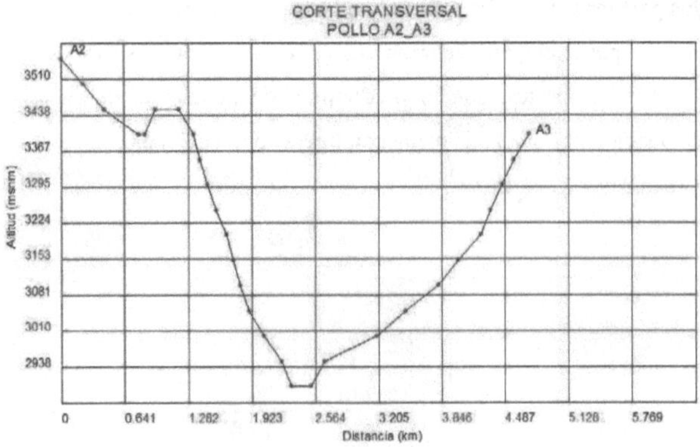

Fig. 9. Perfil transversal del segundo transecto A2-A3 de la Microcuenca Pollo

Fuente: Elaboración propia

-En el perfil A4-A5 (ver figura 10), que es el último transecto ubicado en la parte baja de la Microcuenca Pollo, se caracteriza en general por presentar geoformas colinosas.

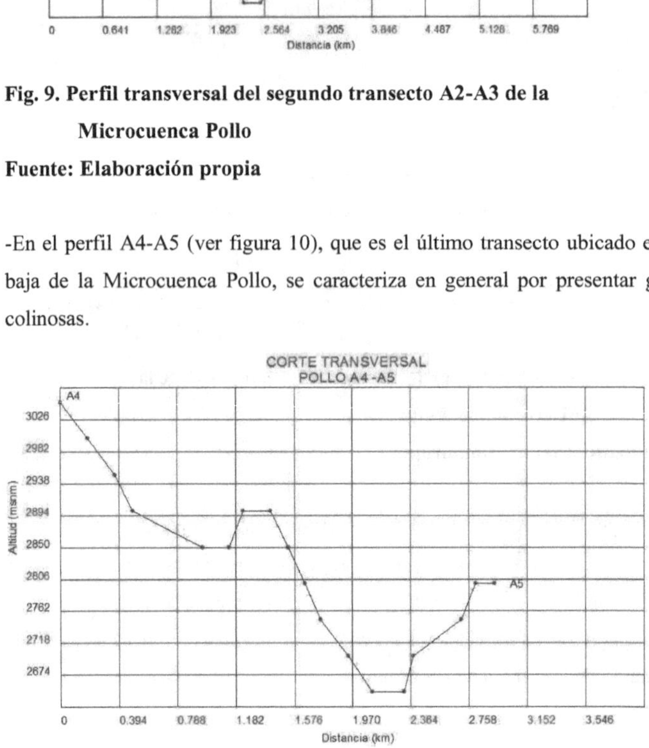

Fig. 10. Perfil transversal del tercer transecto A4-A5 de la Microcuenca Pollo

Fuente: Elaboración propia

En extensiones pequeñas se observa la presencia de áreas planas y también pendientes pronunciadas que forman áreas de protección. En estas áreas planas y en algunas zonas de colinas de la parte baja de la Microcuenca Pollo se aprovechan el uso de las tierras bajo el sistema de regadío con el agua captado en la parte media de la microcuenca; mejorando la producción, aún a menor escala, de arveja, maíz, papa y trigo; predominando el cultivo de maíz por las adecuadas condiciones ecológicas en este medio.

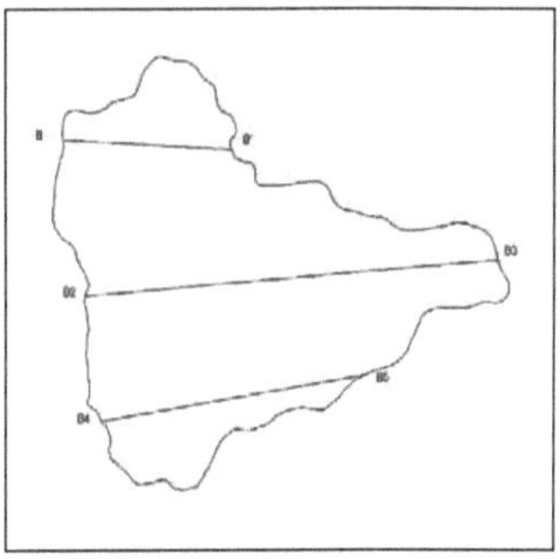

Fig. 11. Transectos de la Microcuenca Huangamarca
Fuente: Elaboración propia

En el caso de la Microcuenca Huangamarca, de manera similar se efectuó el trabajo, resultando los transectos de las líneas B-B´, B2-B3 y B4-B5, como se puede apreciar en la figura 11. Estas líneas están en correspondencia con los perfiles transversales de las figuras 12, 13 y 14.

Los perfiles en referencia, presentan las siguientes características:

- En el perfil transversal del primer transecto B-B´ de la figura 12, que se ubica en el altiplano (parte alta de la microcuenca), cuya altitud llega hasta los 3700 m.s.n.m, zona en la que se puede observar formaciones de colinas de montaña alta, entre las altitudes de 3400 a 3600 m.s.n.m. A menor altura, entre 3150 a 3250 m.s.n.m, también encontramos áreas de colina que intercalan con extensiones pequeñas de relieves planas; se debe hacer notar también acerca de las áreas de pendientes suaves en extensiones pequeñas intermedias entre las colinas.

  En estos ámbitos, se encuentran asentados los pequeños agricultores que se dedican a la ganadería y agricultura, representados por pequeños rebaños de vacunos y ovinos, por cultivos de papa, cereales (cebada y trigo) y marginalmente por quinua y tarwi o chocho.

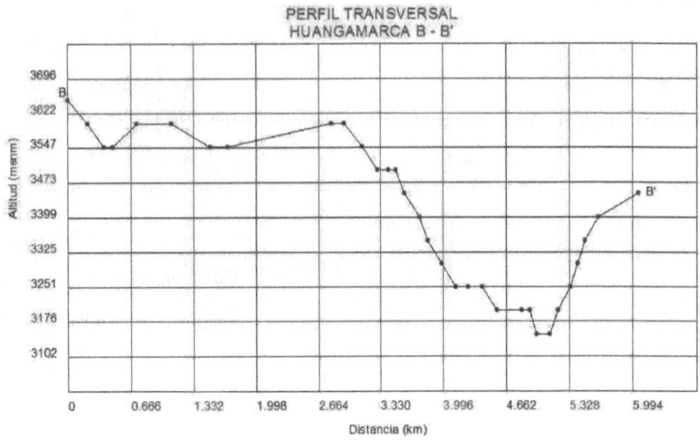

Fig. 12. Perfil transveral del primer transecto B-B´ de la Microcuenca Huangamarca

Fuente: Elaboración propia

- En la figura 13, se puede ver el perfil transversal B2-B3, en la parte media de la Microcuenca Huangamarca, cuya línea longitudinal cubre entre las cotas 3299 y 3885, este trayecto presenta zonas colinosas que intercalan con relieves de ondulaciones suaves. En estos ámbitos, en algunas áreas, las tierras son trabajadas con el sistema de regadío, con aguas provenientes de las quebradas, que son abundantes en esta microcuenca, tal como se reporta en el aspecto hidrológico; predomina el cultivo de papa, y en menores extensiones se cultivan cereales y menestras (arveja y haba).

Las características geomorfológicas descritas, la presencia de la red hídrica y las infraestructuras viales existentes, configuran un paisaje de sierra favorable para la agricultura.

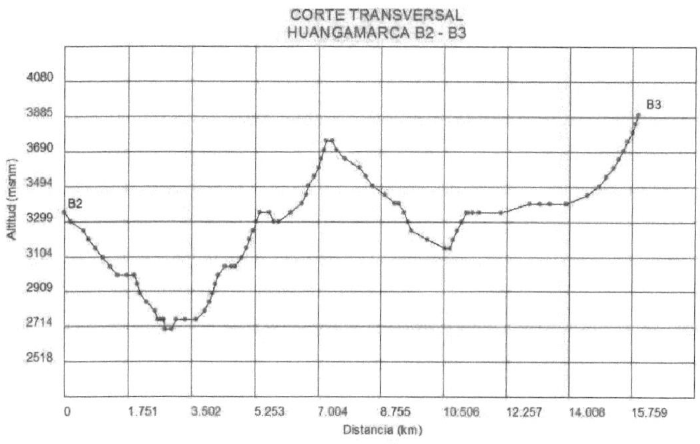

Fig. 13. Perfil transversal del segundo transecto B2-B3 de la Microcuenca Huangamarca

Fuente: Elaboración propia

- En el perfil B4-B5 del tercer transecto en la parte baja de la Microcuenca Huangamarca, graficada en la figura 14, se observan las colinas altas entre las cotas 3400 y 3600 con extensiones intermedias de zonas planas; colinas bajas entre las cotas 2600 y 3400. En estas zonas, hasta altitudes de 2700 m.s.n.m predomina el cultivo de maíz y menestras, que son conducidos con sistemas de riego superficial, como complemento al requerimiento total de agua por las plantas y mayormente con el agua proveniente del río Huangamarca, cuyo caudal depende de las precipitaciones pluviales que se dan en la zona. En este sentido, si bien las condiciones de relieve y suelos son un tanto favorables; sin embargo, por los condicionantes de la disponibilidad del agua de regadío, habría una limitación, significando la práctica de una agricultura de mayor riesgo frente a las situaciones climáticas, en esta parte baja de la microcuenca.

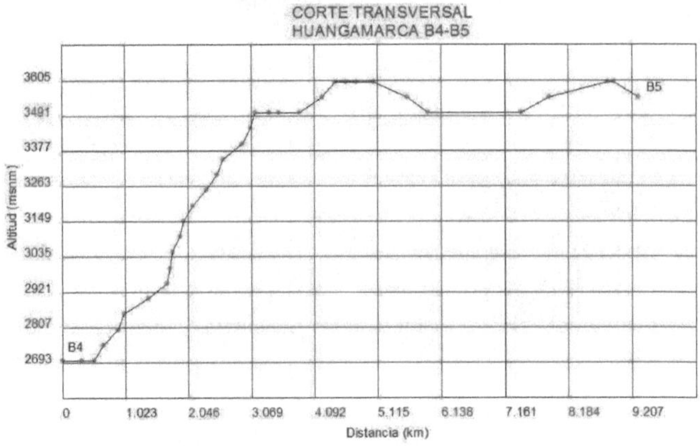

Fig. 14. Perfil transversal del tercer transecto B4-B5 de la Microcuenca Huangamarca

Fuente: Elaboración propia

9.3.4 LOS SUELOS

a. Clasificación de las Unidades de Suelos (Soil Taxonomy – FAO)

La clasificación de los suelos sobre bases puramente pedológicos conforma el agrupamiento fundamental, científico o natural de los suelos. Esta clasificación se basa en la concepción de los suelos como cuerpos naturales independientes, tridimensionales y dinámicos, que ocupan porciones de la superficie terrestre con características físicas, químicas y biológicas propias, como resultante de la acción combinada de los factores de formación: Clima, vegetación, material madre, topografía y tiempo.

Según el criterio edafológico empleado en el presente estudio y de acuerdo a los objetivos, se realiza la descripción de los suelos y las unidades del mapa, teniendo en cuenta las clasificaciones de estudios del Instituto Nacional de Recursos Naturales (INRENA) y que se han actualizado de acuerdo con las normas y criterios establecidos en el Soil Survey Manual (2003); y la clasificación taxonómica de las unidades se realizó de acuerdo con las definiciones y nomenclaturas establecidas en el Soil Taxonomy (2006), utilizando como unidad taxonómica al subgrupo de suelos.

b. Descripción de las Unidades de Suelos Determinadas en el Área de Estudio

En este acápite, se identifica y describe las unidades taxonómicas delimitadas en el mapa de suelos, en base a las características de las unidades cartográficas (ver mapa anexo 4) que la conforman. Se ha identificado a nivel del presente estudio, 2 subgrupos y dos asociaciones que se describen individualmente, se incluye la superficie que ocupa, su porcentaje como consociación y/o asociación dentro de la unidad taxonómica y su porcentaje respecto al área total del estudio; su distribución espacial y las características de los suelos.

Las unidades cartográficas de suelos (cuadro 1), se describen de acuerdo a sus rasgos diferenciales: Características físico-morfológicas, como la profundidad efectiva, textura, color, permeabilidad, drenaje, etc., encontrados en la zona de estudio y se describen dentro de cada unidad taxonómica (subgrupo).

La Clasificación de los Suelos de acuerdo a la Soil Taxonomy (2003), se indica en el cuadro 1; se describen las características de los suelos de acuerdo al cuadro de análisis físico-mecánico y químico de los suelos realizados en el laboratorio de la Universidad Nacional Agraria La Molina.

Cuadro 1: Clasificación natural de los suelos de las microcuencas Pollo y Huangamarca de la provincia de Otuzco

Asociación de Suelos	**Microcuenca Pollo** Superficie (ha)	**Microcuenca Huangamarca** Superficie (ha)
Regosol eútrico-Cambisol eútrico	3806,68	12647,74
Regosol dístrico-Afloramiento lítico	0,00	309,16
TOTAL	**3806,68**	**12956,91**

Fuente: Elaboración propia

De acuerdo al cuadro 1, la Microcuenca Pollo presenta 3608,68 ha de la asociación de suelos Regosol eútrico-Cambisol eútrico, caracterizados por baja evolución y en el caso del Regosol condicionado por el material originario no consolidado y con horizonte de diagnóstico superficial ócrico. El grado de saturación, calculado por el método del acetato amónico, sirve para diferenciar los Regosoles dístricos (RGd) al no superar el 50 % entre 20 y 50 cm de profundidad a partir de la superficie. En los materiales no consolidados o débilmente consolidados se desarrollan suelos con un horizonte A de tipo ócrico, pobres en materia orgánica y sin otros horizontes de diagnóstico.

9.3. 5. CAPACIDAD DE USO MAYOR DE LAS TIERRAS

9.3.5.1 Clasificación por Capacidad de Uso Mayor de las Tierras

Por capacidad de uso mayor de las tierras, las microcuencas Pollo y Huangamarca están representadas cartográficamente en el mapa de capacidad de uso mayor de las tierras (anexo 4).

En la Microcuenca Pollo, como se puede observar en el cuadro 2 encontramos una primera asociación de tierras de utilización de cultivos en limpio y de protección (A2s(r)-X) que comprende una superficie de 3031,81 ha., que representa el 26,59% del área total. Esta categoría incluye a los suelos con limitaciones de uso que están vinculadas básicamente a la fertilidad natural del suelo, que varía de mediana a baja y que también tienen la necesidad de riego. Se encuentran ubicadas en geoformas de lomadas y colinas altas ligeramente disectadas., caracterizado por pendientes que fluctúan de 25 a 50 % y de altiplano con pendientes suaves, que se desarrollan a lo largo de quebradas y del principal río Pollo que drenan la zona.

Estas tierras reúnen las condiciones ecológicas que permiten la remoción periódica y continuada del suelo, para el sembrío de plantas herbáceas o arbustivas anuales o de corto periodo vegetativo, bajo técnicas económicamente accesibles a los agricultores del lugar, sin deterioro de la capacidad productiva del suelo ni alteración del régimen hidrológico de la Microcuenca Pollo (ver cuadro 2) y cuatro unidades asociadas a la Microcuenca Huangamarca (ver cuadro 3).

Cuadro 2: Unidades asociadas en zonas de capacidad de uso mayor de las tierras de la Microcuenca Pollo

Unidades Asociadas	Simbología	Superficie	
		ha	%
Zona de Capacidad de Uso Mayor 1	A2s(r)-X	3031.815	79.64
Zona de Capacidad de Uso Mayor 2	X-P2e	774.869	20.36
Superficie Total		3806.684	100.00

Fuente: Elaboración propia

Cuadro 3: Unidades asociadas en zonas de capacidad de uso mayor de las tierras de la Microcuenca Huangamarca

Unidades Asociadas	Simbología	Superficie	
		ha	%
Zona de Capacidad de Uso Mayor 1	A2s(r)-X	3445.733	26.59
Zona de Capacidad de Uso Mayor 2	X-P2e	1354.748	10.46
Zona de Capacidad de Uso Mayor 3	F3c-P2e-X	6892.06	53.19
Zona de Capacidad de Uso Mayor 4	X-P3c(t)	1264.378	9.76
Superficie Total		12956.919	100.00

Fuente: Elaboración propia

En esta asociación de tierras (A2(r))-X, se estima que un 20% corresponden a las de protección (X), que no reúnen las condiciones ecológicas ni edáficas mínimas requeridas para la producción de cultivos, pastos o producción forestal.

La segunda asociación de tierras de protección y de pastos de calidad agrológica media con riesgos de erosión (X-P2e), se encuentra en un ámbito menor de 774.869 ha, que significa el 20.36 % de la superficie total de la microcuenca. Están ubicadas en geoformas del altiplano, con relieve de ligeras pendientes, que son aprovechadas para el desarrollo en general de pequeñas áreas de pastos naturales y muy pocas cultivadas, que son utilizadas por especies de ganado vacuno y lanar, fundamentalmente.

Respecto a la Microcuenca Huangamarca, según el cuadro 3, presenta una superficie total de 12956.919 ha, en el que ubicamos cuatro unidades asociadas: Una primera simbolizada por A2s(r)-X, en una extensión de 3445.733 ha, que representa el 26.59 % de la superficie total de la microcuenca, esta asociación presenta una subclase de suelos de calidad agrológica media con limitaciones de suelo y de regadío, junto a tierras de protección; la segunda asociación de tierras de protección y de pastos de calidad agrológica media con limitaciones de erosión (X-P2e) utilizados para las crianzas de ganado vacuno y ovino en general, en un sistema extensivo de pequeñas explotaciones ganaderas.

9.3. 6 VEGETACIÓN

En esta variable, la metodología para la caracterización y el análisis de los espacios de las microcuencas Pollo y Huangamarca considera la cobertura vegetal formada por los cultivos y también la vegetación arbórea que protegen de la acción erosiva de las aguas procedentes de las precipitaciones pluviales.

La mayor cobertura vegetal, está representado por cultivos anuales; en segundo orden por especies de plantas arbustivas nativas e introducidas y en forma aislada por pequeños bosques y plantaciones dispersas, con predominio de árboles de eucaliptos. Este tipo de escenario, correlacionado con los aspectos geomorfológicos y las precipitaciones pluviales que se dan en el medio, significa que el territorio en estudio es un tanto vulnerable.

En la Microcuenca Pollo, encontramos una superficie de 3104.86 ha de campos de cultivo entre papa, oca, olluco, trigo, cebada, maíz, menestras, hortalizas, entre otros; y 641.708 hectáreas de tierras sin cultivo, cubiertas por vegetación natural, entre ellas las pasturas naturales y también las plantas forestales nativas.

Analizando la Microcuenca Huangamarca, es un ámbito mayor que cuenta con 11871.326 ha de campos de cultivos anuales como papa, trigo, cebada, avena, haba, maíz, entre otros; y un área de 1060.115 ha sin cultivos, superficie cubierta por vegetación arbórea dispersa con predominancia de especies nativas y formaciones de pequeños bosques de eucaliptos.

El análisis de los campos cultivados y sin cultivar en las microcuencas Pollo y Huangamarca, ha permitido modelar cartográficamente, generando el mapa de vegetación (ver anexo 4).

9.3.7 USO ACTUAL DEL SUELO

Las áreas donde ocurre la actividad humana, en el suelo expuesto a los cultivos anuales, cultivos permanentes y pastos, poseen cierto grado de vulnerabilidad, debido a la baja cobertura del suelo y debido a la constante preparación para la agricultura, que incluye las prácticas de una agricultura aleatoria, característico en el medio andino. En este sentido, hay otro aliado que va en contra del medio ambiente, que es la falta de manejo adecuado del suelo con prácticas conservacionistas que se deben procurar para minimizar los impactos de la agricultura.

En efecto, en las microcuencas Pollo y Huangamarca, las zonas muy vulnerables están en las áreas de uso agropecuario que incluye superficies de uso agrícola y ganadero, y en el conjunto de los espacios de quebradas y ríos. Las áreas medianamente vulnerables están representadas por las superficies de predominio de las especies de plantas arbustivas y arbóreas.

9.3.8 HIDROGRAFÍA

Las microcuencas Pollo y Huangamarca presentan redes hídricas, conformadas por ríos y quebradas que son aprovechadas en algunos casos como fuentes de agua para la irrigación. Estos en general tienen caudales muy variables, dependiendo de las épocas de lluvias, llegando a niveles muy bajos, incluso presentándose períodos secos como en el caso de la Microcuenca Pollo, en los meses de Julio a Septiembre.

En la Microcuenca Pollo, se encuentra el río Pollo y las quebradas denominadas Machigón, San Francisco y Culpit. El río Pollo tiene sus nacientes entre los flancos Nor Este; teniendo como tributarios a las quebradas antes mencionadas, como se puede ver en el mapa hidrográfico (anexo 4), que alimentan sus cursos de agua, principalmente con las precipitaciones estaciónales, ello origina un escurrimiento de comportamiento irregular a través de todo el año.

La longitud del río Pollo es de 10.351 km. como se registra en el cuadro 4, siguiendo su curso aguas abajo dirección Norte a Sur, con caudal promedio de 0.72 m^3/seg, hacia el pueblo de Otuzco, llega a unirse con el río Huangamarca aproximadamente en la cota 2600, para formar el río Otuzco.

En lo que se refiere a la Microcuenca Huangamarca, en el cuadro 5, se presenta 4 ríos: Huangamarca (río principal), Carca, Hondura y Monchacap; y 19 quebradas con longitudes de cursos de agua diferentes, que son los siguientes: Tembladera, Ciénego, Monchacap Alto, La Cruz, Chagapampa, Quisho, Hornillo, Tambillo, Pango 2, Hondura, Porvenir, Pusunchas, Allacday, San Isidro, Pactire, Pango 1, Monchacap, Pango y Tembladera 1 (ver anexo 4).

Como se puede observar en el cuadro 5, la longitud del río Huangamarca es de 10.742 km. que recorre de Norte Este a Sur Oeste con un caudal promedio de 4.29 m^3/seg al final del período de lluvias (mes de abril); el período de crecidas o avenidas se inicia en octubre y concluye en marzo, alcanzando su nivel máximo en los meses de enero y febrero. Al término de su recorrido se une con el río Pollo para formar el río Otuzco que es tributario del río Moche que recorre a lo largo de la cuenca del mismo nombre hasta desembocar en el Océano Pacífico.

Cuadro 4: Ríos y quebradas de la Microcuenca Pollo

NOMBRE	CLASIFICACIÓN	LONGITUD	
		m	km
POLLO	Río	10350.758	10.351
MACHIGON	Qda. Normal	2999.574	3.000
SAN FRANCISCO	Qda. Normal	1906.419	1.906
CULPIT	Qda. Normal	3302.648	3.303

Fuente: Elaboración propia

Cuadro 5: Ríos y quebradas de la Microcuenca Huangamarca

NOMBRE	CLASIFICACIÓN	LONGITUD	
		m	km
CARCA	Río	5877.195	5.877
HONDURA	Río	3800.629	3.801
HUANGAMARCA	Río	10741.825	10.742
MONCHACAP	Río	8362.434	8.362
TEMBLADERA	Qda. Intermitente	2150.826	2.151
CIENEGO	Qda. Intermitente	731.034	0.731
MONCHACAP ALTO	Qda. Intermitente	1544.208	1.544
LA CRUZ	Qda. Intermitente	1387.108	1.387
CHAGAPAMPA	Qda. Normal	1347.772	1.348
QUISHO	Qda. Normal	2558.366	2.558
HORNILLO	Qda. Normal	2867.122	2.867
TAMBILLO	Qda. Normal	4514.501	4.515
PANGO 2	Qda. Normal	1334.390	1.334
HONDURA	Qda. Intermitente	1302.381	1.302
PORVENIR	Qda. Intermitente	3093.391	3.093
PUSUNCHAS	Qda. Intermitente	2736.158	2.736
ALLACDAY	Qda. Intermitente	4966.609	4.967
SAN ISIDRO	Qda. Intermitente	7225.066	7.225
PACTIRE	Qda. Intermitente	1931.245	1.931
PANGO 1	Qda. Normal	2734.101	2.734
MONCHACAP	Qda. Normal	4483.723	4.484
PANGO	Qda. Normal	7478.154	7.478
TEMBLADERA 1	Qda. Intermitente	3760.819	3.761

Fuente: Elaboración propia

9.3.9 ESTUDIO METEOROLÓGICO

Con la información meteorológica de la base de datos históricos existentes de los observatorios del SENAMHI se estableció la variabilidad espacio-temporal de biotemperatura. Esta información fue obtenida de la estación representativa del distrito de Salpo.

Además, se obtuvo información periódica de los pluviógrafos instalados (ver figura 15) en las microcuencas Huangamarca y Pollo, ubicadas en la parte alta de la cuenca del río Moche.

Fig. 15. Pluviógrafo
Fuente: Foto Huerta (2006)

Del estudio de las series meteorológicas, resulta el registro de datos de precipitaciones mensuales, así como las biotemperaturas de media mensual, que se pueden observar en los cuadros 6 y 7 de los años 2005 y 2006, respectivamente.

En el año 2005 se registró una precipitación total anual de 432 mm (ver cuadro 6), en cambio en el año siguiente 2006 (ver cuadro 7) fue mayor, registrándose 759.4 mm, hubo un incremento del 77 %. Se considera que el año 2005 parte de la campaña agrícola 2005-2006 fue un período de una relativa sequía, reflejado en las escasas cosechas, aún cuando las biotemperaturas se mantuvieron casi constantes y en el rango que caracteriza a las localidades de la región sierra con ubicaciones sobre los 3000 m.s.n.m. que de alguna manera nos estaría indicando que favoreció en el desarrollo de las plantas; de ahí que en algunos agroecosistemas se lograron regulares cosechas, como el caso de las papas y algunos cereales.

Comparando con los datos del otro escenario que es la Microcuenca Pollo, en relación a las series meteorológicas podemos hacer mención de que las precipitaciones fueron menores, registrándose 312.9 mm en el año 2005, como se observa en el cuadro 8 con registros mensuales, 38 % menos respecto a las precipitaciones de la Microcuenca Huangamarca en el mismo año. En el 2006 según los registros mensuales llovió en total 484 mm, 54.6 %

más que el año anterior como se puede apreciar en el cuadro 9, mejorando las condiciones climáticas que favorecieron en gran medida el desarrollo de los cultivos de la zona.

Cuadro 6: Registro de precipitaciones y biotemperaturas mensuales de la Microcuenca Huangamarca. Período de referencia 2005

Departamento:	La libertad	Altitud	: 3445 msnm
Provincia	: Otuzco	Coordenadas	UTM:
Distrito	: Usquil	Este	781899
Localidad	: César Vallejo	Norte	9130090

Mes	**Precipitaciones (mm)**	**Temperaturas media mensual (°C)**
Ene	65.30	11.30
Feb	58.10	11.60
Mar	96.70	11.40
Abr	103.40	11.60
May	1.90	11.90
Jun	0.90	11.50
Jul	0.00	12.00
Ago	9.80	11.60
Set	7.70	11.80
Oct	31.50	11.80
Nov	17.30	11.20
Dic	39.50	11.40
Total	432.10	139.10

Fuente: Elaboración propia a partir de registros propios y del SENAMHI (Temperaturas año 2005 y precipitaciones En-Set 2005)

Cuadro 7: Registro de precipitaciones y temperaturas mensuales de la Microcuenca Huangamarca. Período de referencia 2006

Departamento: La libertad
Provincia : Otuzco
Distrito : Usquil
Localidad : César Vallejo

Altitud : 3445 msnm
Coordenadas UTM:
Este 781899
Norte 9130090

Mes	Precipitaciones (mm)	Temperaturas media mensual (°C)
Ene	66.8	11.0
Feb	131.6	10.4
Mar	267.5	10.7
Abr	80.9	11.0
May	27.7	11.0
Jun	19.2	11.3
Jul	0.0	11.3
Ago	26.2	11.5
Set	36.3	11.7
Oct	7.8	10.9
Nov	63.9	11.6
Dic	31.5	11.5
Total	759.4	134.0

Fuente: Elaboración propia a partir de registros propios y del SENAMHI (Temperaturas año 2006)

Cuadro 8: Registro de precipitaciones y temperaturas mensuales en la Microcuenca Pollo. Período de referencia: 2005

Departamento: La Libertad
Provincia : Otuzco
Distrito : Otuzco
Localidad : Pollo

Altitud : 3539 msnm
Coordenadas UTM :
Este 768688
Norte 9125564

Mes	Precipitaciones (mm)	Temperaturas media mensual (T°)
Ene	39.00	12.74
Feb	36.00	12.87
Mar	70.00	12.94
Abr	66.00	12.55
May	0.00	8.86
Jun	0.00	9.87
Jul	0.00	11.62
Ago	0.00	11.68
Set	1.00	11.75
Oct	2.30	12.20
Nov	15.20	11.23
Dic	83.4	11.92
Total	312.9	140.23

Fuente: Elaboración propia a partir de registros propios y del Ministerio de Agricultura (Temperaturas año 2005 y precipitaciones de enero a septiembre)

Cuadro 9: Registro de precipitaciones y temperaturas mensuales en la Microcuenca Pollo. Período de referencia: 2006

Departamento: La Libertad — Altitud: 3539 msnm

Provincia : Otuzco — Coordenadas UTM :

Distrito : Otuzco — Este 768688

Localidad : Pollo — Norte 9125564

Mes	Precipitaciones (mm)	Temperaturas media mensual (T°)
Ene	50.00	11.89
Feb	78.00	12.74
Mar	203.00	12.78
Abr	67.00	11.97
May	2.00	10.57
Jun	18.00	11.57
Jul	4.00	10.70
Ago	0	9.92
Set	16.00	10.93
Oct	1.00	11.44
Nov	9.00	11.55
Dic	36.00	12.72
Total	484.00	138.78

Fuente: Elaboración propia a partir de registros propios y del Ministerio de Agricultura (Temperaturas año 2006)

9.3.10 DETERMINACIÓN DE PÉRDIDA DE SUELO

Para determinar la pérdida de suelo se emplearon los métodos directos de erosión por escorrentía superficial. Recogiendo el suelo erosionado y depositado en los medidores-sedimentadotes, construidos dos por micro cuenca en las partes altas e intermedias en los que se determinaron los volúmenes de suelo perdido.

Fig. 16. Medidor- Sedimentador

En estos pequeños sistemas hidráulicos que se componen de un canal colector, incorporado sus respectivos limnímetros que permiten efectuar las lecturas directas de caudal; y de un pozo sedimentador, cuyas dimensiones son: Largo = 0.50 m; Ancho = 0.50 m; y Alto = 0.35 m (ver Fig. 16); que posibilitó estimar la pérdida de suelo y muestrear el agua de escorrentía.

Los registros de caudales estuvieron basados en correlaciones, resultante de las pruebas de calibración, en la que se establecen relaciones entre el nivel del agua (altura en cm, graduado en el limnímetro) que discurre por la quebrada y su correspondiente caudal.

a. Análisis del agua de escorrentía

El agua de escorrentía fue captada después de cada evento de lluvias, para los análisis y evaluación de las siguientes variables:

- Contenido de solutos y presencia microbiológica en el agua de escorrentía.
- Estimaciones hidrológicas

En el agua de escorrentía y en la carga sólida se efectuaron análisis de elementos contaminantes, así como la presencia de elementos bióticos.

b. Estimaciones hidrológicas

- **Índice de escorrentía**

Llamamos escorrentía a la lámina de agua que circula en una cuenca de drenaje, es decir la altura en milímetros de agua de lluvia escurrida y extendida uniformemente. Normalmente se considera como la precipitación menos la evapotranspiración real.

Si conocemos el caudal relativo (módulo relativo) del río podemos obtener el índice de escorrentía multiplicándolo por un valor constante: 31,557

$Ie = Mr\ (l/seg/km^2) \cdot 31{,}557$

Ie = Índice de escorrentía (mm)

Mr = Caudal relativo (modulo relativo expresado en $l/seg/km^2$)

El caudal relativo es la relación entre el caudal medio anual y los km^2 de cuenca de río.

- **Coeficiente de escorrentía**

El coeficiente de escorrentía es la relación entre el índice de escorrentía y la precipitación anual. Indica qué porcentaje de la precipitación anual circula; relaciones que se indican a continuación:

Ce = Ie/Pmm

Ce expresado en tantos por ciento:

$Ce = (Ie/Pmm) \cdot 100$

Ce = Coeficiente de escorrentía

Ie = Índice de escorrentía (mm)

Pmm = Precipitaciones anuales en milímetros

- **Índice de evaporación**

El índice de evaporación está dado por la diferencia entre la altura de la lluvia y el índice de escorrentía.

Iev = Pmm - Ie

Iev = Índice de evaporación

Ie = Índice de escorrentía (mm)

Pmm = Precipitaciones anuales en milímetros

9.4 EL MANEJO DE LOS SUELOS Y SU DEGRADACIÓN

En este apartado se informa el proceso seguido para determinar el efecto del manejo de suelos, practicado en la cuenca alta del río Moche, y su influencia en la degradación de los suelos.

a. Instalación de lisímetros

En las micro cuencas seleccionadas Pollo y Huangamarca, se realizaron los estudios por el método de campo de acción directa en los agro ecosistemas y con la utilización de instrumentales, como son los lisímetros (ver figuras 17, 18) que fueron instalados en los campos de cultivo efectuando una excavación; extrayendo el suelo, cuidadosamente separando las capas o horizontes del perfil del terreno, generando un espacio en el cual fueron introducidos los lisímetros. Este suelo extraído fue nuevamente incorporado manteniendo los horizontes indicados.

El lisímetro es un equipo de forma cilíndrica de un diámetro de 58.5 cm por una altura de 89 cm que lleva un dispositivo tubular guía a lo largo del cilindro y un émbolo (pistón) para extraer el agua lixiviada al interior (ver las figuras 19, 20).

Fig. 17. Lisímetro con sembrío de maíz

Fig. 18. Lisímetro con sembrío de haba

b. Proceso experimental

El proceso experimental, de acuerdo al objetivo del trabajo, comprendió dos fases:

La primera consistente en el muestreo de suelos en 12 campos seleccionados al azar; habiéndose obtenido 12 muestras, compuestas de suelos para ser analizadas en el laboratorio; determinándose las siguientes características: Físicas y químicas, materia orgánica, capacidad de intercambio catiónico (CIC), pH y estructura.

En la segunda fase, en cada sistema de producción; se instalaron 12 lisímetros, correspondiendo 6 a cada microcuenca, ubicados en las partes altas y bajas de cada microcuenca. Para los estudios complementarios, se instaló un lisímetro adicional en el micro cuenca Huangamarca. De cada lisímetro, en forma periódica se descargaba el agua acumulada; obteniéndose una parte alícuota de un litro, muestra para ser analizada en el laboratorio de la Universidad Nacional Agraria La Molina. Además, en el campo se efectuaron controles y evaluaciones periódicas para estudiar la degradación del suelo por erosión laminar principalmente, para lo cual se recolectaron 10 muestras de suelo de los medidores – sedimentadores para los análisis físicos y químicos correspondientes.

c. Análisis de muestras de suelo y agua

Los datos resultantes de los análisis de suelo y agua, se registraron sistemáticamente por micro cuenca y agro ecosistemas en estudio, correspondiendo a la campaña agrícola 2005-2006. Habiéndose recolectado en total 22 muestras de suelos, correspondiendo 12 a agroecosistemas en estudio y 58 muestras de agua recolectadas de los lisímetros, cuyos datos promedios de análisis por micro cuencas se reportan en el apartado de resultados y discusión.

Por otro lado, se aplicaron 543 encuestas a los campesinos de las micro cuencas Pollo y Huangamarca; habiéndose procesado la información, estadísticamente por el método de análisis multivariante, con el apoyo del programa computarizado SPSS.15.

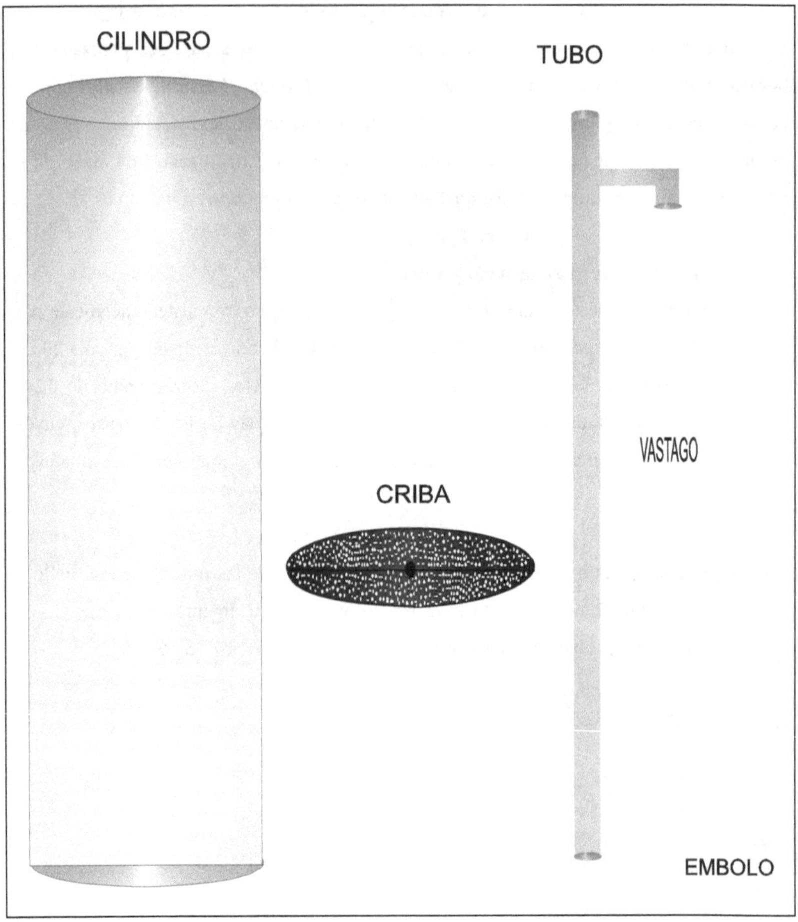

Fig. 19. Gráfica del lisímetro y sus partes

Fuente: Elaboración propia

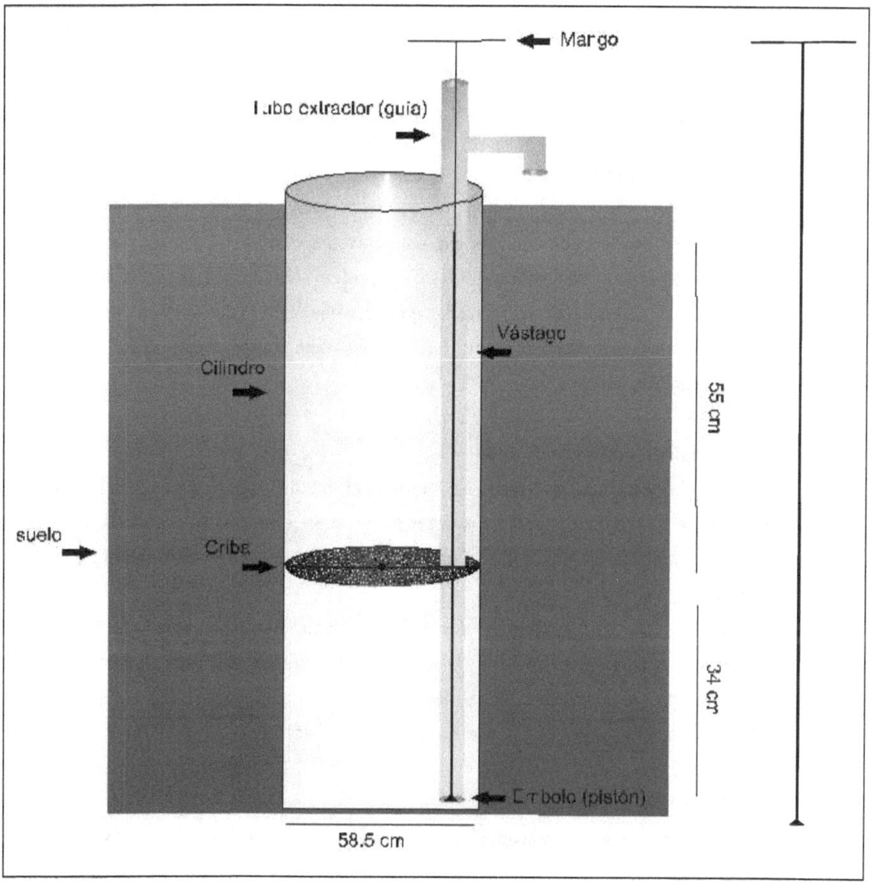

Fig. 20. Partes del lisímetro

Fuente: Elaboración propia

9.5 INFLUENCIA DEL MANEJO DEL ECOSISTEMA EN LA CONTAMINACIÓN DE LOS RÍOS

En este aspecto, fundamentalmente con el propósito de determinar el efecto contaminante originado por la implementación de agroecosistemas, en las aguas de los ríos de la cuenca Moche, se estudia las microcuencas Huangamarca y Pollo, las que están formadas por corrientes de agua de diferentes cursos de órdenes (grado de ramificación). De este modo, el río principal Moche es el resultado de la formación de los ríos Huangamarca y Pollo, entre otros, que son materia del estudio.

En estos espacios de microcuencas que constituyen sistemas de drenaje definido por sus causes principales y sus tributarios, se encuentran los ecosistemas en los cuales se desarrollan las actividades principales agropecuarias y forestales. Precisamente en este acápite se trata de estudiar la influencia del manejo de estos ecosistemas en la contaminación de los ríos.

a. Captación de muestras de agua

En las investigaciones realizadas se empleó el método de campo, consistente en la construcción de medidores-sedimentadores para captar el agua a ser analizada; además, los medidores permitieron medir directamente la pérdida de agua en forma de escorrentía superficial.

Los muestreos de agua y suelo se efectuaron semanalmente por un período de 9 meses y después de cada evento lluvioso. Los análisis completos de agua de los medidores-sedimentadores se realizaron en el laboratorio de suelos de la Universidad Nacional Agraria La Molina, cuyos resultados se discuten en el acápite correspondiente.

b. Aplicación de encuestas

En cada micro cuenca se consideraron los espacios de la parte alta, media y baja; siendo escenarios de estudios experimentales los agro ecosistemas manejados por los campesinos.

Se aplicaron encuestas (modelo en anexo 3) a los campesinos ubicados en cada micro cuenca seleccionada por estratos de ubicación. Estas encuestas nos permitirán conocer el sistema de manejo del agro ecosistema, nivel tecnológico, tipología de agricultores, utilización de insumos, entre otras variables, para poder correlacionar principalmente la contaminación de los ríos con los datos obtenidos experimentalmente.

En el acápite de resultados y discusión se pueden observar los datos obtenidos de todas las encuestas, cuyos principales parámetros de evaluación son analizados en detalle.

X. RESULTADOS Y DISCUSIÓN

10.1 EFECTO DEL CLIMA Y PÉRDIDA DE SUELO

De acuerdo al objetivo del trabajo, las series meteorológicas registradas en la micro cuenca Huangamarca permitió relacionar con las pérdidas de suelos en el período 2005 – 2006 (cuadro 10), por escorrentía; habiéndose colectado las tierras y registrado datos en las frecuencias anotadas en el cuadro 11 del anexo 1. Las pérdidas en la microcuenca Huangamarca fue 700 kg. en los 6 meses de lluvias continuas, para un volumen de vertedero de 0,35 m^3 que viene a ser 5,4 kg/km^2, considerando el área de la micro cuenca que tiene 12957 ha. Esta tasa estimada se considera que es ligera, ubicada en un nivel de tolerable en riesgos de erosión, según los estándares establecidos por la FAO (1980); aún cuando en el mapa cartográfico del Instituto Nacional de Recursos Naturales – INRENA (1997) aparecen áreas de niveles de ligera y severa, como procesos erosivos dominantes de escurrimiento superficial.

La erosión hídrica, debida a las precipitaciones, es ocasionada por la dispersión y transporte del suelo a causa del impacto de las gotas de lluvia conjuntamente con escurrimiento superficial del agua. Esto depende principalmente de los factores que se explican a continuación y de sus interrelaciones: Cantidad e intensidad de las precipitaciones, propiedades intrínsecas de los suelos, inclinación y área del terreno, vegetación, aplicación o no de medidas preventivas para la conservación del suelo.

Es de anotar los estudios realizados por Alegre (1979) y La Torre (1985), en parcelas de escorrentía determinaron pérdidas de suelos hasta 16 y 70,4 t/ha, respectivamente; ciertamente en escenarios de selva alta (San Ramón – Chanchamayo) en donde bajo las condiciones experimentales, las precipitaciones pluviales oscilaron entre 1400 y 2000 mm distribuidos en los meses lluviosos de diciembre a abril. Estos registros de pérdidas de suelos por efecto de la erosión hídrica son buenos referentes y análogamente a las pérdidas de suelo que encontramos en las montañas de la sierra (microcuencas de Huangamarca y Pollo), como se informa en el presente trabajo, aún cuando son menores, contribuyen al conocimiento y son importantes para la orientación acerca de las medidas de manejo y conservación de los suelos.

Así mismo, en los trabajos de Alegre et al. (1990) realizado en un período de 4 años en la localidad de Santa Ana (Huancayo-Junín), determinaron pérdidas de suelos de 12,9 hasta 47,2 t/ha, con registros de precipitaciones pluviales fluctuantes de 500 a 1000 mm anual, rango en el cual se encuentra el registro de lluvias , 760 mm por año, en Otuzco-La Libertad ; que en efecto, el impacto de las lluvias en la sierra es dominante, tal como refiere Alegre et al. (1990), concluyendo que la cobertura vegetal y el empleo de mulches conservan el suelo y el agua de manera eficiente.

En los medidores – sedimentadores de la Microcuenca Huangamarca; en la zona alta se registraron caudales de 14 l/seg en el mes de Marzo del 2006 y 12,04 l/seg en el mes de Abril. En la zona media se registró 16,24 l/seg durante el mes de marzo del 2006; descendiendo poco a poco hasta que en el mes de abril fue de 12,04 l/seg.

En general, estas cantidades de lluvias, reflejan que el período 2005-2006 ha sido una época seca de la microcuenca Huangamarca, en las partes altas, no normal, que afectó la actividad agraria en la provincia de Otuzco; sin embargo no fue muy notorio; las precipitaciones alcanzadas fueron de 759.4 mm.

En la microcuenca Pollo, no obstante a las escasas lluvias presentadas (484 mm), se registraron también pérdidas de suelo por escorrentía, resultando un estimado total de 875 kg. (cuadro10), en los 6 meses de lluvias, en los que se colectaron las pérdidas de suelos (cuadro 12 del anexo 1), significando una pérdida de 23 kg/km^2, que representa 4 veces más que en la micro cuenca Huangamarca, esta vulnerabilidad es función de la fisiografía presentada en esta microcuenca, las fuertes pendientes que hay en la micro cuenca Pollo, llegan hasta el 35 % (fuertes y escarpadas) en comparación a Huangamarca que presenta geoformas de relieves de menores pendientes que en su mayoría oscilan entre 10 y 15 % (suaves y moderadas). Esta cantidad de pérdida de suelo, también es ligera según la FAO (1980), encontrándose de acuerdo al riesgo de erosión, en un rango permisible o de tolerancia.

La tolerancia a la pérdida de suelo es la cantidad de tierra que, expresada en toneladas por unidad de superficie y año, puede perder un perfil edáfico manteniendo su nivel de productividad actual durante un largo periodo de años (F.A.O., 1967). Refleja, pues, la máxima pérdida de suelo admisible con un grado de conservación tal que mantenga una producción económica, con los medios técnicos disponibles.

Se determina que el ecosistema de la microcuenca Pollo es más frágil que el de la microcuenca Huangamarca; su vulnerabilidad frente a las precipitaciones pluviales ocasionan erosión hídrica con la consecuente degradación de los suelos, entendido éste, según la FAO – UNESCO (1980) como el proceso que rebaja la capacidad actual y potencial del suelo para producir, cuantitativa y cualitativamente, bienes y servicios.

Este análisis de riesgo de degradación de los suelos, sin perspectivas de sustentabilidad, coincide con la aseveración de Altiere (1997), en el sentido de que los ecosistemas van presentando fragilidad en la medida que van perdiendo sus características naturales por los efectos de las condiciones climáticas y también por los procesos antrópicos como signo de sobrevivencia de los pequeños agricultores; debiendo tomarse las medidas prospectivas para evitar el deterioro del medio ambiente.

En resumen podemos decir, que la erosión hídrica, es directamente proporcional a la cuantía de la precipitación y a la longitud de la vertiente. Obviamente, cuanto mayor es la pendiente del terreno, mayor es la velocidad de flujo y más intensa es la erosión.

En los medidores – sedimentadores de la micro cuenca Pollo, en la zona alta denominada Pollo se registraron caudales de 28,48 l/Seg en el mes de diciembre del año 2005; 73,06 l/seg en el mes de marzo del 2006, época de mayor precipitación; y finalmente un menor caudal de 23,28 l/seg en el mes de abril. En la zona media, en el ámbito de Carnachique se anotaron caudales de 28,48 l/seg en el mes de diciembre del 2005; 73,06 l/seg en marzo, disminuyendo a 10,1 l/seg en el mes de abril, a partir del cual cesan las lluvias de manera gradual en la micro cuenca.

Cuadro 10: Pérdidas de suelo por escorrentía captado en medidores sedimentadores en las microcuencas Huangamarca y Pollo

Zonas	Pérdida en Microcuenca Huangamarca		Pérdida en Microcuenca Pollo	
	Volumen (m^3)	**Peso (kg)**	**Volumen (m^3)**	**Peso (kg)**
Zona Alta	0,087	175	0,262	525
Zona Media	0,262	525	0,175	350
Total	0,350	700	0,437	875

Fuente: Elaboración propia

Por otro lado, la estimación del poder erosivo de las precipitaciones, expresada como degradación específica (t/ha/año) mediante el método empírico de Fournier, con disposición de datos de un período de 24 años, se realizó utilizando las ecuaciones de regresión de Fournier (1960) correspondientes a coeficientes orográficos, como se puede ver en el cuadro 13, donde se resumen los resultados.

Los resultados de degradación específica o erosión potencial en las microcuencas Huangamarca y Pollo del orden de 7,29 y 33,40 t/ha/año, respectivamente. Estos valores de degradación indican erodabilidad, ligera para el caso de Huangamarca y severa para la microcuenca Pollo, en este último reflejando un potencial erosivo superior que constituye un problema de pérdidas anuales de suelo durante períodos de lluvias. Situación que requiere de medidas prospectivas integrales de conservación de suelos.

Los valores de erosión potencial de los suelos, encontrados en las microcuencas estudiadas por el método de Fournier (1960), están por encima de los límites de tolerancia de pérdida de suelo, que para la sierra es máximo de 5 a 6 t/ha/año.

Cuadro 13: Degradación específica o erosión potencial en las microcuencas de Huangamarca y Pollo

MICROCUENCA	SUPERFICIE (km^2)	COEF. OROGR. (H× tg α)*	PRECIPITACION MENSUAL PROMEDIO MAXIMO (p)**	PRECIPITACION TOTAL PROMEDIO ANUAL (P)**	INDICE DE FOURNIER ($IF= p^2/P$)	DEGRADACION ESPECIFICA DE LAS MICROCUENCAS (t/ha/año)	
						Y= 27,12IF-475,4***	Y=91,78IF-737,6****
HUANGAMARCA	12 9.71	3.62	176.6	702.05	44.42	7.29	
POLLO	38.16	13.71	176.6	702.05	44.42		33.40

Fuente: Elaboración propia

* El coeficiente orográfico corresponde a la multiplicación entre la altura media (H), por el coeficiente de masividad de Martonne (tg α). Sin embargo, se ha considerado el dividirlo entre 1000, para considerar a la altura media en kilómetros.

** La precipitación mensual promedio máximo, corresponde al promedio de precipitación del mes más lluvioso para la estación Salpo en 24 años de registros. La precipitación Total Promedio Anual, corresponde a la precipitación reportada en la Estación Salpo en 24 años de registro (cuadro 14 del anexo 1)

*** Corresponde a la fórmula para el cálculo de la degradación especifica de Fournier, cuando el Coef. Orográfico es menor a 6 (H*tg α <6) y el Índice de Fournier es mayor o igual a 20 (IF >= 20)

**** Corresponde a la fórmula para el cálculo de la degradación especifica de Fournier, cuando el Coef. Orográfico es mayor a 6 (H*tg α > 6) y se consideran micro cuencas con climas semiáridos.

Siguiendo este mismo proceso de estimación del poder erosivo de las precipitaciones pluviales, Chamochumbi (1987) en su trabajo determina la degradación específica de 30,86 t/ha/año como valor mínimo a 64,01 t/ha/año como valor máximo, considerados altos y que están por encima de los límites tolerables para las zonas de sierra, coincidente con los datos obtenidos en el presente trabajo, que también están por encima de los límites de tolerancia de pérdidas de suelo.

10.1.1 ESTIMACIONES HIDROLÓGICAS POR MICROCUENCAS

Las características hidrológicas son muy variadas en estas dos microcuencas (cuadro15); siendo la microcuenca Pollo con menor precipitación, sin embargo presenta aún menor índice de evaporación, debido a la fisiografía presentada, como afloramientos rocosos sedimentarios de tipo Calipuy, descrito dentro del trabajo en el aspecto de geología del acápite de materiales y métodos, y péndientes marcadas, que permiten un mayor coeficiente de escorrentía.

Cuadro 15: Estimaciones hidrológicas por microcuencas

Estimaciones hidrológicas	Microcuencas	
	Huangamarca	Pollo
Índice de escorrentía (Ie)	1044,85 mm	596,74 mm
Coeficiente de escorrentía (Ce)	87 %	92 %
Precipitaciones anuales (Pmm)	1200 mm	652 mm
Índice de evaporación (Iv)	155,15	55,20

Fuente: Elaboración propia

10.2 EFECTO DE LOS PROCESOS ANTRÓPICOS EN LA DEGRADACIÓN DE SUELOS EN LAS MICROCUENCAS HUANGAMARCA Y POLLO

En este apartado, se informa como influye la intervención del hombre en el proceso de degradación de los suelos; habiéndose obtenido datos de las encuestas realizadas, de los análisis de suelos en los agroecosistemas, de los suelos de escorrentía, del agua de lixiviación obtenido de los lisímetros instalados en los agroecosistemas y de rendimientos de los cultivos sembrados en los lisímetros; cuyos resultados sistematizados permiten analizar, evaluar parámetros y discutir a nivel de zonas de las microcuencas Huangamarca y Pollo.

10.2.1 ANÁLISIS DE LOS RESULTADOS DE ENCUESTAS A LOS AGRICULTORES

a. Zona Alta

Se efectuaron encuestas sobre un universo de 515 agricultores de las microcuencas Huangamarca y Pollo, ubicados en extensiones de 12957 ha y 3807 ha, respectivamente.
El cultivo principal en la época de campaña agrícola (2004-2005), fue la papa, con rendimientos que fluctúan entre 3000 y 16000 Kg/ha, siendo los rendimientos de 6000 Kg/ha (22 %) y de 14000 Kg/ha (28 %), obtenidos en mayor medida.

En los cuadros 16, 17, 18, 19, 20, 21, 22 y 23 del anexo 1 se pueden ver los resultados de las encuestas en las que aparecen los parámetros a ser estudiados, cuyos valores se expresan en el cuadro 24.

Cuadro 24: Resultados de los parámetros de evaluación según las encuestas a los agricultores de las microcuencas Huangamarca y Pollo, zona alta

Parámetros de Evaluación	Microcuenca Huangamarca		Microcuenca Pollo	
	Cantidad	Porcentaje (%)	Cantidad	Porcentaje (%)
Agricultores con mayores siembras de cultivo de papa	50 agricultores	100	21 agricultores	23,3
Rendimiento del cultivo principal (Papa)	6000 kg/ha 14000 kg/ha	22,0 28.0	58 kg/ha 345 kg/ha	13,3 14,4
Ataque de Gorgojo de los Andes (*Prennotrypes spp.*)	47 agricultores afectados	70,2	43 agricultores	47,9
Ataque de "Rancha" (*Phytophthora infestans*)	47 agricultores afectados	29,8	21 agricultores	23,3
Ataque de heladas al cultivo de papa	ninguno	ninguno	67 agricultores afectados	47,8
Agricultores con mayores siembras de cultivo de trigo	ninguno	ninguno	21 agricultores	23,3
Agricultores con mayores siembras de cultivo de cebada	ninguno	ninguno	21 agricultores	23,3

Fuente: Elaboración propia

Estos resultados de bajos rendimientos en los cultivos de papa, sobre todo en la microcuenca Pollo, tienen su explicación por los efectos de las heladas registrado en un 47,8 % de agricultores afectados; además de la elevada incidencia de problemas sanitarios presentados en las microcuencas Huangamarca y Pollo; en lo que corresponde a la microcuenca Huangamarca, 47 agricultores afectados, siendo el efecto del "Gorgojo" (*Prennotrypes spp.*) a nivel de 70,2% y la "Rancha" (*Phytophthora infestans*) afectó a 29,8 % de productores de papa. Esta situación ocurre precisamente en un agroecosistema de monocultivo, en este caso de la papa, cultivo instalado en ambas microcuencas en el esquema tradicional, de riesgos a plagas y enfermedades.

b. Zona Media

En la zona media, las actividades agrícolas están representadas en mayor proporción por cereales y papa, en la microcuenca Huangamarca, cuyos rendimientos no son tan prometedores porque la mayoría de los agricultores fueron afectados principalmente por plagas y enfermedades, además de la sequía en el período 2004-2005; información que se puede observar en los cuadros 25, 26, 27, 28, 29, 30 y 31 del anexo 1, en las que se expresan los resultados, cuyos valores principales se presentan en el cuadro 32.

Cuadro 32: Resultados de los parámetros de evaluación según las encuestas a los agricultores de las microcuencas Huangamarca y Pollo, zona media

Parámetros de Evaluación	Microcuenca Huangamarca		Microcuenca Pollo	
	Cantidad	**Porcentaje (%)**	**Cantidad**	**Porcentaje (%)**
Agricultores con mayores siembras de cultivo de papa	82 agricultores	56,5	2	4,5
Rendimiento del cultivo principal (Papa)	100 kg/ha 200 kg/ha	9,3 20,0	35 kg/ha 46 kg/ha	25 38,6
Ataque de Gorgojo de los Andes (*Prennotrypes spp.*)	50 agricultores afectados	47,2	ninguno	ninguno
Ataque de "Rancha" (*Phytophthora infestans*)	28 agricultores afectados	26,4	2	15,39
Ataque de heladas al cultivo de papa	67 agricultores afectados	47,8	ninguno	ninguno
Agricultores con mayores siembras de cultivo de trigo	31 agricultores	21,4	26 agricultores	59,1
Agricultores con mayores siembras de cultivo de cebada	ninguno	ninguno	9	20,5

Fuente: Elaboración propia

En la zona media de la microcuenca Huangamarca, también predomina el cultivo de la papa, que en los campos de pequeños agricultores, que representan el 56,5 %, como productores de papa, se obtuvieron rendimientos muy bajos, fluctuando entre 100 y 200 kg/ha, que en realidad significan pérdidas económicas, debido a las condiciones de clima desfavorables con adición del ataque de plagas y enfermedades.

En segundo orden de importancia de los cultivos en esta parte de la microcuenca Huangamarca, después de la papa, está el trigo, participando en el sistema de producción con el 21,4 % de agricultores (ver cuadro 26 del anexo 1).

Como en todo proceso de producción agrícola, los efectos externos siempre inciden y en general de una manera negativa; en este caso el "Gorgojo de los Andes" (*Prennotrypes spp.*) afectó a 50 agricultores, significando un índice alto de 47,2 %; en menor medida afectó la "Rancha" (*Phytophthora infestans*) a un nivel de 26,4 %. Igualmente causó severos daños en la producción, las heladas de una manera muy significativa alcanzando el 47,8 % de agricultores afectados, casi similar a lo ocurrido en la zona alta.

c. Zona Baja

Los resultados de esta zona baja, se muestran en los cuadros 33, 34, 35, 36, 37, 38, 39 y 40 del anexo 1, cuyos parámetros principales de evaluación son resumidos en el cuadro 41.

Al analizar la estructura productiva, en este medio, los agricultores participan con la conducción de pequeñas parcelas, que en este caso son de 0,5 a 1,0 hectárea, correspondiendo hasta el 45 por ciento de los agricultores; situación que es coincidente con la realidad nacional en que la agricultura del Perú es minifundista, como lo estamos comprobando en este espacio, una actividad agrícola en áreas de tierras reducidas y de subsistencia que caracteriza a la sierra del país, concordando con Caballero (2004) y Grobman (2003).

Cuadro 41: Resultados de los parámetros de evaluación según las encuestas a los agricultores de las microcuencas Huangamarca y Pollo, zona baja

Parámetros de Evaluación	Microcuenca Huangamarca		Microcuenca Pollo	
	Cantidad	**Porcentaje (%)**	**Cantidad**	**Porcentaje (%)**
Agricultores con mayores siembras de cultivo de papa	15 agricultores	11,7	3 agricultores	5,3
Rendimiento del cultivo principal (Papa)	400 Kg/ha 800 Kg/ha	11,7 7,8	400 Kg/ha 230 Kg/ha	8,9 5,4
Ataque de "Gorgojo de los Andes" (*Prennotrypes spp.*)	ninguno	ninguno	9 agricultores	16
Ataque de "Rancha" (*phytophthora infestans*)	9 agricultores	9,8	15 agricultores	26,8
Ataque de heladas al cultivo de papa	5 agricultores	4	3 agricultores	5,4
Agricultores afectados por efectos de sequía	79 agricultores	63,7	48 agricultores	85,7
Agricultores con mayores siembras de cultivo de trigo	46 agricultores	35,9	29 agricultores	51,8
Agricultores con mayores siembras de cultivo de cebada	2	1,6	1 agricultor	1,8
Agricultores con mayores siembras de maíz	63 agricultores	49,2	9 agricultores	16,1
Ataque de "Cogollero" (*Heliothis zea*)	47 agricultores afectados	51,1	12 agricultores	21,5
Ataque de "Roya amarilla" (*Puccinia striiformis*)	35 agricultores afectados	38,0	9 agricultores	16

Fuente: Elaboración propia

Encontramos en la zona baja un medio ecológico favorable para el cultivo del maíz, por lo que predomina; de acuerdo a las encuestas resulta que en la campaña agrícola 2004-2005, el 49,2 % de los agricultores de la microcuenca Huangamarca prefirieron sembrar maíz, como se puede ver en la tabla 33; siendo menos los agricultores maiceros (16,1%) en la parte baja de la Microcuenca Pollo. En segundo orden de importancia en esta zona es el trigo, participando un 51,8 % de productores que conducen este cultivo en la parte baja de la microcuenca Pollo, lo que demuestra que esta zona tiene vocación triguera; siendo menor (35,9 %) los conductores de trigo en la parte baja de la Microcuenca Huangamarca; luego le sigue el cultivo de papa, producto que es el alimento básico que generalmente siembran los agricultores con fines de seguridad alimentaria.

Los cultivos de papa, maíz y trigo constituyen agroecosistemas de monocultivo por años sucesivos con escasa productividad por inadecuado manejo agronómico, principalmente del suelo, además de las contingencias surgidas por condiciones de clima, en este caso la sequía afectó en un 63,7 % de agricultores de la zona baja de Huangamarca, como se puede apreciar en la tabla 35; y así hubo otros efectos externos como la presencia de plagas y enfermedades; principalmente ataques del insecto "cogollero" (*Heliothis zea*) que afectó a un 51,1 % de agricultores y de "Roya amarilla" (*Puccinia striiformis*) en los campos de trigo y cebada, afectando a un 38 % de los pequeños productores de Huangamarca; siendo menos afectados los agricultores de la microcuenca Pollo.

Es importante señalar que, por un lado también, la falta de capacitación de los agricultores, es un factor que incide en el resultado de los escasos rendimientos de productos agrícolas obtenidos, cuyas escasas cantidades cosechadas nos indican que hay un inadecuado manejo de los recursos naturales, tendencia que debe ser corregida con las medidas prospectivas correspondientes.

10.2.2 ANÁLISIS DE SUELOS DE LOS AGROECOSISTEMAS

10.2.2.1 Microcuenca Huangamarca

a. Zona Alta

En el cuadro 42 del anexo 2, se puede observar en general las características físicas y químicas de los suelos de los agroecosistemas de la microcuenca Huangamarca;

distinguiendo en la parte alta la predominancia de suelos de textura franco arena, de pH fuertemente ácido, determinándose en promedio (3,95), lo que en realidad estaría limitando la absorción de fósforo por las plantas; ausencia de carbonato de calcio; y contenido medio de materia orgánica, registrándose en promedio 3,15 %.

Respecto al contenido de nutrientes, en los agroecosistemas de la microcuenca Huangamarca encontramos contenidos de medio a alto en los dos elementos fósforo y potasio, lo que caracteriza a los suelos, una mediana fertilidad.

En las relaciones catiónicas, la relación K-Mg es normal (0,213) y en la relación Ca-Mg se determina 9,714, lo cual nos estaría indicando la deficiencia de magnesio.

En lo que se refiere a la distribución de cationes, se ha podido encontrar una distribución normal de potasio en promedio de 3,88 %.

Estas características físicas, químicas y orgánicas de los suelos de la parte alta de Huangamarca, definidos por los indicadores determinados, nos permiten correlacionar con las producciones encontradas en los agroecosistemas, cuyos resultados de rendimientos en los cultivos de papa y cebada en las cantidades de 10 035/ha y 887/ha, respectivamente, reflejan que los suelos no están en condiciones adecuadas de fertilidad, corroborando fundamentalmente la información de las características químicas y los datos de contenidos de nutrientes de los suelos, en el sentido de que se trata de suelos en general con un nivel de mediano potencial de productividad agrícola.

b. Zona Media

En la zona media de la Microcuenca Huangamarca, según el cuadro 42 del anexo 2 encontramos suelos de textura franco arena, con pH 5 fuertemente ácido; menos acidez que en la parte alta; ausencia de carbonato de calcio; y con un contenido medio (3,3 %) de materia orgánica.

Los nutrientes que se encuentran en mayores cantidades son potasio y fósforo, 136 ppm y 21,5 ppm, respectivamente que corresponde a niveles de medio en potasio y alto en fósforo.

En las relaciones catiónicas, de K – Mg, resulta (0,13) lo que significa deficiencia de magnesio, y en la relación Ca – Mg, se determina 5,27 considerado como normal.

Estos indicadores resultantes de los análisis físico-químicos de los suelos de Huangamarca, nos permiten asumir que los suelos en general son de mediana fertilidad; lo que tiene correlación con las producciones obtenidas de haba y cebada con rendimientos de 532 y 1524 kilogramos por hectárea en los respectivos productos, los cuales no han sido tan alentadores, sobre todo en el caso del haba, fundamentalmente por las condiciones de suelos, poco favorables y además por el comportamiento del clima, que hubo retraso y escasez de lluvias, que no favoreció el desarrollo normal de las plantas en condiciones de producción bajo el sistema de secano.

c. Zona Baja

En el mismo cuadro 42 del anexo 2, se puede ver que las características físicas y químicas de los suelos de la zona baja de la microcuenca Huangamarca difieren en varios parámetros respecto a las zonas alta y media; siendo así la clase estructural de suelo de tipo franco, pH ligeramente ácido (6) y en un caso neutro (7), presencia de carbonatos, bajo contenido de materia orgánica, cuyo promedio es 1,25 %, altos contenidos promedios de fósforo y potasio, 37, 15 ppm y 279 ppm, en este caso naturalmente hay un proceso de transporte desde la parte alta, acumulándose en la parte baja mejorando la fertilidad del suelo, lo cual favorece la producción agrícola; sin embargo, es de anotar que en el campo experimental, en los lisímetros instalados en la zona baja de Huangamarca, como se puede ver en el cuadro 44 no se registraron cosechas de los cultivos de maíz, debido a que fue influenciado por la incidencia de heladas y la irregularidad de lluvias y también no hubo cosechas por otro factor desfavorable, que los agricultores efectuaron siembras tardías (en el mes de enero), generalmente se realizan en los meses comprendidos de septiembre a octubre; pero que en este período correspondiente al 2005 fue insuficiente la disponibilidad del agua, siendo un año atípico seco, como en otros años posteriores también se experimentaron esos fenómenos, en consecuencia hubo pérdidas en cuanto a granos de maíz, lográndose sólo la cosecha de restos vegetales denominado "panca" en más de 5 toneladas por hectárea que es destinada para los alimentos de ganado vacuno que tienen en la zona.

En lo que respecta a las relaciones catiónicas, de K – Mg, resulta (0,13) lo que significa deficiencia de magnesio, y en la relación Ca – Mg, se determina 5,27 considerado como normal.

10.2.2.2 Microcuenca Pollo

a. Zona Alta

Los resultados de los análisis de las muestras de suelos tomados en el agro ecosistema, presentados en el cuadro 43 del anexo 2, se pueden hacer lecturas de las características físicas y químicas de los suelos de la parte alta; determinándose que hay una predominancia de clase textural franco, pH fuertemente ácido (cerca a 5), también no se encuentra carbonato de calcio como en el caso de la microcuenca Huangamarca; un contenido medio de materia orgánica (promedio 3%); y con presencia de nutrientes más notorios en potasio disponible, en un rango bajo (81 ppm) a medio (208 ppm) y en fósforo disponible, alto que llega hasta 17, 6 ppm.

Estos parámetros no indican que, en la zona alta de la Micro cuenca Pollo, los suelos se caracterizan por su mediana fertilidad, estando respaldado por el contenido medio de fósforo. Esta característica de los suelos, ha permitido obtener rendimientos de mediano a bajo (ver cuadro 44), como en el caso de la cebada variedad zapata que resultó 3191 kg/ha y haba variedad local una escasa producción de 355 kg/ha; rendimientos que justamente en las condiciones de clima y suelos, resultan ser insuficientes en la economía campesina, tipificándose como de subsistencia, tal como lo afirman Caballero et al. (2002), en el sentido de que los cultivos transitorios son los que definen el autoconsumo, encontrándose entre ellos los cereales, los tubérculos, raíces y las leguminosas de grano, como refiere Altieri (1999) y varios tratados de agricultura del medio andino.

b. Zona Media

Los resultados del cuadro 43 del anexo 2, nos muestran que los suelos del agroecosistema de la Microcuenca Pollo, zona media tienen una clase textural predominante franco arenoso, de pH ligeramente ácido como se observa una fluctuación entre 6,6 y 6,7, escaso contenido de carbonato de calcio (0,2 %), bajo contenido de materia orgánica (promedio 1 %); en cuanto a nutrientes se registra un bajo contenido de potasio fluctuando entre 75 y 82 ppm y en fósforo disponible se tiene como resultado un contenido de valor medio que llega hasta 9,9 ppm. Se puede afirmar que se trata de suelos de mediana a baja fertilidad, comparativamente suelos de menor calidad que la zona alta de la Microcuenca Pollo.

El rendimiento promedio alcanzado en maíz, en esta zona media de la Microcuenca Pollo, es de 2926 kg/ha (ver cuadro 44); para las condiciones de fertilidad del suelo y escasez de agua, se puede considerar como una productividad aceptable que de alguna manera sustenta la economía de los agricultores de la zona.

c. Zona baja

En la zona baja de la Microcuenca Pollo, como se observa en el cuadro 43 del anexo 2, los suelos de agroecosistemas que se caracterizan por ser de textura tipos franco y franco arenoso, de pH ligeramente alcalino en rango de 7,3 a 7,4, presencia de carbonatos hasta un 3,3 %; contenido bajo de materia orgánica (menos de 1,9 %); en lo que se refiere a nutrientes, en estos suelos destaca el fósforo disponible en un rango medio (8,9 ppm) a alto (20,5 ppm), seguido en cantidad por el potasio que se encuentra en un rango medio con fluctuación de 169 a 173 ppm. Estos registros nos permiten aseverar que se trata de suelos de mediana a baja fertilidad, similar a la zona media de la Microcuenca en estudio, lo cual no es tan prometedor para el desarrollo agrícola óptimo.

En cuanto a las relaciones catiónicas, de K - Mg, resulta (0, 07) indicador normal y en la relación Ca – Mg, se determina 3,80 considerado como normal.

En estas condiciones de mediana a baja fertilidad de los suelos de la zona baja de la Microcuenca Pollo, los agricultores pudieron obtener en un caso hasta 3298 kg/ha de maíz grano seco por tener las condiciones favorables de regadío por gravedad en los períodos de escasez de lluvias; en cambio otros agricultores no lograron cosechas en grano, sino como el que se registró en uno de los lisímetros, obtuvo 709 Kg/ha de residuos destinados como forraje para la alimentación animal.

Cuadro 44: **Rendimiento de los cultivos en los lisímetros instalados en agroecosistemas**

Microcuenca	Zona	Muestras	Cultivo	Fecha siembra	Fecha cosecha	Rdto. (kg/ha)	Observaciones
HUANGAMARCA	Alta	Ramiro Rodríguez	Papa	26-12-05	28-05-06	10035	
	Alta	Benjamín Rodríguez	Cebada	20-01-06	26-07-06	887	
	Media	Luciano Rosas	Haba	15-01-06	20-04-06	532	Cosecha en verd
	Media	Gregorio Rosas	Cebada	22-03-06	2-09-06	1524	
	Baja	Homero Solano	Maíz blanco	18-01-06	12-07-06	3546	Producción de residuos (panca)
	Baja	Constante Mercedes	Maíz blanco	20-01-06	25-07-06	5319	Producción de residuos (panca)
POLLO	Alta	Gilmer Angulo	Haba		08-08-06	355	Haba seca
	Alta	Liborio Rodríguez	Cebada	12-01-06	25-07-06	3191	Variedad zapata
	Media	Isidro Avalos	Maíz blanco cuzqueño	30-12-05	04-08-06	887	Grano seco
	Media	Ausberto Guzmán	Maíz	09-01-06	10-08-06	4965	Grano seco
	Baja	Antonio Castañeda	Maíz	19-01-06	26-07-06	3298	Grano seco
	Baja	Daniel Rodríguez	Maíz asociado	30-12-05		709	Producción de residuos

Fuente: Elaboración propia

10.2.3 ANÁLISIS DE AGUA DE LOS LISÍMETROS DE LA MICROCUENCA HUANGAMARCA

En este acápite de análisis del agua, el objeto de investigación se centra a la calidad del agua para riego, considerando los peligros de salinidad y sodificación, estudiándose los niveles que alcanzan estos parámetros de evaluación.

El exceso de sales es una de las mayores preocupaciones en la reutilización del agua para fines agrícolas. Un alto contenido en sales presentes en el agua supone un aporte de sales en el suelo que sustenta la planta afectando la productividad del cultivo, degradando la estructura de la tierra y generando problemas de contaminación en las aguas subterráneas.

La salinidad total es determinada por la medición de la conductividad eléctrica del agua (C.E.), expresada en unidades de deciSiemens por metro (dS/m) o en milimhos por centímetro ($mmhoscm^{-1}$). También puede ser expresada como la cantidad total de sales disueltos (TDS), donde: TDS (en ppm o mgL^{-1})= 640xCE (en dSm^{-1}).

Los análisis de agua realizados, corresponden a las muestras tomadas de los lisímetros, en los que se depositaron por infiltración en los eventos de lluvias en el periodo de octubre 2005 a mayo 2006; interpretándose la calidad del agua para riego, en principio, del punto de vista de la salinidad total determinada por la medición de la conductividad eléctrica del agua.

En el cuadro 45 se puede observar que los datos obtenidos en las zonas de la Microcuenca Huangamarca (alta, media, baja), que en detalle se puede apreciar en los cuadros 46, 47 y 48 del anexo 2, nos muestran niveles de Bajo (0,10 dS/m) en la zona media; Medio (0,36 dS/m) en la zona alta; y Alto (0,80 dS/m) en la zona baja de la citada Microcuenca, significando este nivel último (0,80 dS/m) de salinidad que puede afectar a muchas plantas, requiriendo los suelos buen drenaje y lixiviación.

Respecto a la relación de absorción de sodio (RAS), primero debemos señalar que es un parámetro que refleja la posible influencia del ion sodio sobre las propiedades del suelo, ya que tiene efectos dispersantes sobre los coloides del suelo y afecta a la permeabilidad. Sus efectos no dependen sólo de la concentración en sodio sino también del resto de cationes. Está representado por la fórmula: RAS = Na en $meq.L^{-1}$/ ((Ca+Mg en meq L^{-1})/2) $^{-1/2}$.

Si en un agua predomina el ion sodio, inducirá cambios de calcio y magnesio por sodio en el suelo, lo que podría llevar a la degradación de éste, con la consiguiente pérdida de estructura y permeabilidad.

El exceso de iones de sodio desplaza el calcio (Ca) y magnesio (Mg) y provoca la dispersión y desagregación del suelo. El suelo se vuelve duro y compacto en condiciones secas y reduce la infiltración de agua y aire a través de los poros que conforman el suelo (Lenntech, 2009).

La Relación de Absorción de Sodio (RAS) en la Microcuenca Huangamarca, como se aprecia en el cuadro 45 tiene valores que fluctúan entre un mínimo de 0,3 en la zona media a un máximo de 0,82 en la zona baja; fluctuaciones que corresponden a un nivel Bajo, por consiguiente el agua no afecta los suelos y no hay peligro de destrucción de la estructura.

Cuadro 45: Resultados de análisis de agua en promedios de los lisímetros de la microcuenca Huangamarca

Clase de Análisis	Zona Alta	Zona Media	Zona Baja	Promedio
Ph	5.966	5.585	6.616	6.056
C.E. dS/m	0.363	0.107	0.805	0.425
Calcio me/l	1.58	0.677	4.356	2.204
Magnesio me/l	0.72	0.334	1.44	0.831
Potasio me/l	0.297	0.158	0.333	0.263
Sodio me/l	0.498	0.222	1.42	0.713
SUMA DE CATIONES	3.096	1.392	7.55	4.013
Nitratos me/l	0.3	0.028	0.351	0.226
Carbonatos me/l	0	0	0.00	0
Bicarbonatos me/l	0.906	1.014	2.956	1.625
Sulfatos me/l	0.822	0.122	0.361	0.435
Cloruros me/l	0.978	0.348	3.891	1.739
SUMA DE ANIONES	3.007	1.514	7.561	4.027
Sodio %	15.956	15.252	18.57	16.593
RAS	0.448	0.3	0.823	0.524
Boro ppm	0.133	0.2	0.473	0.268
Clasificación	C2 - S1	C1 - S1	C3 – S1	
Sólidos en Susp. ppm	6595.555	1565.714	9806.666	5989.312

Fuente: Elaboración propia

10.2.4 ANÁLISIS DE AGUA DE LOS LISÍMETROS DE LA MICROCUENCA POLLO

Los análisis de agua de la Microcuenca Pollo se exponen en el cuadro 49, que en detalle los resultados se pueden observar en los cuadros 50, 51 y 52 del anexo 2 en los que los valores de conductividad eléctrica (C.E.) expresado en dS/m registrado en las zonas de la referida microcuenca, nos indican los contenidos de sales solubles en el agua; es decir el grado de salinidad del agua; como puede apreciarse por el valor de conductividad eléctrica en las zonas alta y media, los niveles de peligro de salinidad es Medio (C2) 0,36 dS/m y 0,48 dS/m, respectivamente, significando que las plantas sensibles pueden mostrar estrés a sales; en la zona baja se registra el valor de 1,04 dS/m que corresponde a un nivel Alto (C3) de salinidad que afectará a muchas plantas. Este nivel es similar al de la Microcuenca Huangamarca, fenómeno que se da por las concentraciones de sales como resultado del drenaje natural y flujo hacia las zonas bajas de las cuencas en estudio.

Respecto a la Relación de Absorción de Sodio (RAS) en la Microcuenca Pollo, datos que se observan en el cuadro 49, se debe hacer mención en primer término lo que afirma Allison et al.(1994) en el sentido de que la calidad del agua con respecto al peligro de sodio, se puede considerar un problema desde el punto de vista del grado probable al que un suelo adsorberá el sodio del agua, así como la velocidad a que tiene lugar dicha adsorción al aplicar el agua.

Se puede apreciar que el peligro de sodio se registra a niveles que fluctúan de 0,53 a 1,20, índices que muestran un grado Bajo, lo cual quiere decir que se puede usar para el riego de casi todos los suelos, sin peligro de destrucción de la estructura; situación similar a la Microcuenca Huangamarca. Existiendo en ambas microcuencas un agua que puede usarse para el riego en la mayoría de los suelos con poca probabilidad de alcanzar niveles peligrosos de sodio intercambiable.

Cuadro 49: Resultados promedios de análisis de agua en los lisímetros de la Microcuenca Pollo

Parámetros	Zona Alta	Zona Media	Zona Baja	Promedio
pH	6.5	7.075	7.0	6.841
C.E. dS/m	0.368	0.487	1.04	0.630
Calcio me/l	1.488	2.84	6.44	3.589
Magnesio me/l	0.771	1.145	2.21	1.373
Potasio me/l	0.196	0.032	0.06	0.096
Sodio me/l	0.638	1.045	2.49	1.389
SUMA DE CATIONES	3.095	5.062	11.19	6.449
Nitratos me/l	0.25	0.175	0.09	0.17
Carbonatos me/l	0	0	0.00	0
Bicarbonatos me/l	1.025	2.27	2.71	2.001
Sulfatos me/l	0.775	0.812	3.85	1.812
Cloruros me/l	0.861	1.392	1.80	1.351
SUMA DE ANIONES	2.861	4.65	8.45	5.318
Sodio %	17.766	20.57	22.65	20.328
RAS	0.53	0.732	1.20	0.820
Boro ppm	0.33	0.3	0.40	0.343
Clasificación	C1 - S1	C2 - S1	C3 - S1	
Sólidos en Susp. ppm	916.666	365	2030.00	1103.888

Fuente: Elaboración propia

10.3 ESTUDIO DE CONTAMINACIÓN DE RÍOS CON NITRATOS, SULFATOS Y HETERÓTROFOS

10.3.1 ANÁLISIS DE AGUA DE LOS MEDIDORES-SEDIMENTADORES DE LA MICROCUENCA HUANGAMARCA

Las fuentes de contaminación son puntuales y no puntuales, las fuentes puntuales descargan contaminantes en localizaciones específicas a través de tuberías y alcantarillas (p. ej. fábricas, plantas de tratamiento de aguas negras, minas, pozos petroleros, etc). Las fuentes no puntuales son grandes áreas de terreno que descargan contaminantes al agua sobre una región extensa (p. ej. vertimiento de sustancias químicas, tierras de cultivo, lotes para pastar ganado, construcciones, tanques sépticos).

Se trata de estudiar la contaminación no puntual, que consiste en investigar la contaminación por sustancias químicas en grandes extensiones de tierra, como en la totalidad de las áreas de cultivos agrícolas; para lo cual se recolectaron 17 muestras de agua de los agro ecosistemas vertidos por escorrentía hacia los medidores vertederos instalados especialmente para la captación de las aguas, después de cada evento de lluvias ocurridas en el período de octubre del 2005 a mayo 2006 en la microcuenca Huangamarca, cuyos resultados de análisis y valores promedios por zonas se expresan en el cuadro 53.

La contaminación de N-NO_3^- en aguas superficiales de escorrentía fue siempre inferior a 0,045 meq/l. Este valor de concentración está muy por debajo del nivel crítico para las aguas de regadío según los Estándares Nacionales de Calidad Ambiental para agua- ECA para agua (10 mg/l), lo que indicaría que las aguas superficiales no están contaminadas con NO_3^-. Estos resultados de bajas concentraciones de NO_3^- en aguas superficiales serían esperables, ya que el ion tiende a moverse con el agua de infiltración hacia las aguas subterráneas y generalmente el agua de escurrimiento superficial tiene concentraciones bajas de NO_3^- (Melvin et al., 1992).

Cabe anotar que los fertilizantes nitrogenados no absorbidos por las plantas,volatilizados o arrastrados por la escorrentía superficial llegan a las aguas subterráneas en forma de nitratos. Esto hace que el nitrógeno no esté disponible para las plantas, y puede también elevar la concentración en aguas subterráneas por encima de los niveles admisibles de calidad del agua.

Respecto a la contaminación con sulfatos, de acuerdo con varios autores se puede afirmar que el ión sulfato es uno de los iones que contribuyen a la salinidad de las aguas, encontrándose en la mayoría de las aguas naturales. De los análisis realizados, lo resultados obtenidos se muestran en el cuadro 53, determinándose un rango de 0,205 meq/l que corresponde a la zona media y 0,55 meq/l a la zona alta de la microcuenca, cantidades que se encuentran por debajo del nivel permisible (300 mg/L) para las aguas de riego; lo que nos indica que el agua de las zonas en estudio se encuentra libre de contaminación por sulfatos.

Cuadro 53: Resultados promedios de análisis de agua de medidores-sedimentadores de la Microcuenca Huangamarca

Clase de Análisis	Zona Alta	Zona Media	Promedio
PH	6.35	6.357	6.353
C.E dS/m	0.415	0.104	0.259
Calcio me/l	2.48	0.612	0.259
Magnesio me/l	0.675	0.217	0.446
Potasio me/l	0.065	0.061	0.063
Sodio me/l	0.91	0.494	0.702
SUMA DE CATIONES	4.13	1.385	2.757
Nitratos me/l	0.045	0.041	0.043
Carbonatos me/l	0	0	0
Bicarbonatos me/l	3.385	0.895	2.14
Sulfatos me/l	0.55	0.205	0.377
Cloruros me/l	0.575	0.391	0.483
SUMA DE ANIONES	4.555	1.507	3.031
Sodio %	25.885	33.99	29.937
RAS	0.69	0.735	0.712
Boro ppm	0.265	0.075	0.17
Clasificación	C2 - S1	C1 - S1	
Sólidos en Susp. ppm	740	2340	1540

Fuente: Elaboración propia a partir de los reportes del laboratorio de la UNALM

Referente a la contaminación por heterótrofos (bacterias totales), para el estudio se obtuvieron 3 muestras de agua de los medidores-sedimentadores que fueron analizados por el método Standard Methods for Examination of Water and Wastewater, 20th Ed. 1998, cuyos resultados de análisis y valores se puede apreciar en el cuadro 54. Los valores señalados de heterótrofos (bacterias totales) expresados en unidades formadoras de colonia por mililitro (UCF/mL), fluctúan de $27x10^2$ a $17x10^3$, son considerados como carga baja; los mohos registrados en el rango de 19x10 y $55x10^2$ son también bajos; y no existen parásitos ni protozoarios en las aguas de regadío de la Microcuenca Huangamarca.

Cuadro 54: Resultados de análisis microbiológico de agua de escurrimiento en la Microcuenca Huangamarca

Análisis Microbiológico	Muestra 01	Muestra 02	Muestra 03
Recuento de Heterótrofos (UFC/mL)	$27x10^2$	$11x10^3$	$17x10^3$
Recuento de Mohos(UFC/ mL)	19x10	$55x10^2$	$10x10^3$
Determinación de parásitos y protozoarios	Ausencia*	Ausencia*	Ausencia*

(*) Presencia de protozoarios de vida libre, algas y bacterias

Fuente: Elaboración propia a partir de los análisis del laboratorio de la UNALM

10.3.2 ANÁLISIS DE AGUA DE LOS MEDIDORES-SEDIMENTADORES DE LA MICROCUENCA POLLO

El Nitrato puede ser transportado por la lluvia o por el agua de riego, a través de la tierra y las aguas superficiales, precisamente los análisis corresponden a las aguas de escorrentía captadas en los medidores sedimentadores durante el período de lluvias ocurridas en octubre 2005 y mayo 2006; habiéndose obtenido 11 muestras para ser analizados, cuyos resultados se presentan en el cuadro 55; como se puede apreciar los valores promedios de fluctuación en 0,033 y 0,046 meq/l se encuentran en los niveles permisibles para las aguas de regadío, según los parámetros establecidos en los "Estándares Nacionales de Calidad

Ambiental para agua"- ECA para agua (D.S. Nº 002-2008-MINAM), siendo el nivel máximo permisible 10 mg/l.

Los cultivos sensibles resultan afectados por concentraciones de nitrógeno superiores a 5 mg/l, mientras que la mayor parte de los otros cultivos no son afectados hasta que las concentraciones excedan a 30 mg/l (Pág. Web, Grupo de trabajo Nº 3 de la Dirección General de Salud Ambiental- DIGESA, 2010).

En lo que se refiere a sulfatos, como se aprecia en el cuadro 55, encontramos valores de 0,1 meq/l en la zona media y 0,79 meq/l en la zona alta de la Microcuenca Pollo, niveles que están por debajo de los estándares permisibles de calidad ambiental del agua (300 mg/L), lo que nos indica una calidad buena de las aguas, similar al de la Microcuenca Huangamarca.

Por lo valores encontrados en las concentraciones de nitratos y sulfatos, que más podrían afectar la calidad del agua de riego, en los agro ecosistemas estudiados en las microcuencas Huangamarca y Pollo, podemos afirmar que no hay riesgo en la calidad del agua que son utilizadas en los sistemas de secano y bajo regadío en las producciones agrícolas de las zonas en estudio.

Cuadro 55: Resultados promedios de análisis de agua de medidores-sedimentadores de la microcuenca Pollo

Clase de Análisis	Zona Alta	Zona Media	Promedio
PH	6.533	6.9	6.7165
C.E dS/m	0.273	0.746	0.5095
Calcio me/l	1.433	4.913	3.173
Magnesio me/l	0.54	1.74	1.14
Potasio me/l	0.083	0.123	0.103
Sodio me/l	0.433	0.88	0.6565
SUMA DE CATIONES	2.49	7.656	5.073
Nitratos me/l	0.033	0.046	0.0395
Carbonatos me/l	0	0	0
Bicarbonatos me/l	1.143	7.086	4.1145
Sulfatos me/l	0.79	0.1	0.445
Cloruros me/l	0.516	0.916	0.716
SUMA DE ANIONES	2.483	8.15	5.3165
Sodio %	10.015	11.973	10.994
RAS	0.42	0.49	0.455
Boro ppm	0.033	0	0.0165
Clasificación	C2 - S1	C3 - S1	
Sólidos en Susp. ppm	860	46640	23750

Fuente: Elaboración propia a partir de los reportes del laboratorio de la UNALM

En relación a los heterótrofos, como se muestra en el cuadro 56, los valores indicados en el rango de $20x10^3$ – $12x10^4$ UFC/mL de heterótrofos (bacterias totales), son considerados como carga baja; los mohos registrados en el rango de 1 y $88x10^2$ son también bajos; y no existen parásitos ni protozoarios en las aguas de regadío de la Microcuenca Pollo, por tanto no hay contaminación en los niveles registrados en el agua estudiada de la referida microcuenca.

Cuadro 56: Resultados de análisis microbiológico de agua de escurrimiento en la Microcuenca Pollo

Análisis Microbiológico	Muestra 01	Muestra 02	Muestra 03	Muestra04
Recuento de Heterótrofos (UFC/mL)	$44X10^2$	$12X10^4$	$20X10^3$	$16X10^2$
Recuento de Mohos(UFC/ mL)	18	1	$88X10^2$	52X10
Determinación de parásitos y protozoarios	Ausencia*	Ausencia*	Ausencia*	Ausencia*

(*) Presencia de protozoarios de vida libre, algas y bacterias

Fuente: Elaboración propia a partir de los análisis del laboratorio de la UNALM

XI. CONCLUSIONES

De los estudios realizados sobre evaluación de los factores que afectan los agroecosistemas en la cuenca alta del río Moche siguiendo la metodología de investigación científica, de acuerdo a las condiciones bajo las cuales se condujo el presente trabajo experimental, podemos concluir lo siguiente:

11.1 Las pérdidas de suelos por efecto del clima, fundamentalmente las precipitaciones pluviales anuales que marcaron hasta 759,4 mm en el año 2006 según los registros del 2005 y 2006, con incidencia en los meses de febrero-marzo, ocasionaron procesos erosivos hídricos por escorrentía, resultando pérdidas del orden de 5,4 kg/ km^2 en el área de la Microcuenca Huangamarca; y de 23 kg/ km^2 en la Microcuenca Pollo, cuatro veces mayor respecto a la Microcuenca Huangamarca por tratarse de un ámbito de fisiografía con fuertes pendientes, en algunos casos mayores de 35 % y de escasa cobertura vegetal que propicia un alto coeficiente de escorrentía (92%) respecto a Huangamarca (87%).

Estos índices de pérdidas de suelo son considerados ligeros según la FAO; sin embargo esta tendencia afecta de manera sistemática a agroecosistemas frágiles, como es el caso de la Microcuenca Pollo más vulnerable a los efectos de las condiciones climáticas.

11.2 La degradación específica o potencial erosivo, determinado por el método empírico de Fournier, resulta ser del orden de 7,29 y 33,40 t/ha/año en las microcuencas Huangamarca (erodabilidad ligera) y Pollo (erodabilidad severa), respectivamente. Siendo superior en Pollo en correspondencia también por el método directo, como se menciona en la primera conclusión, lo que nos permite inferir que la pérdida de suelo en períodos lluviosos constituye un problema que pone en riesgo la productividad de las tierras y en consecuencia la seguridad alimentaria.

11.3 Los agroecosistemas de las microcuencas estudiadas son monocultivos representados por los cultivos de papa y cereales (trigo, cebada) conducidos por agricultores minifundistas que obtuvieron en general bajos rendimientos en todas las zonas de estudio, debido a las condiciones climáticas adversas como la falta de agua suficiente, evidenciados con los registros bajos de precipitaciones pluviales anuales en el 2005; 432,10 mm y 312,9 mm en Huangamarca y Pollo, respectivamente; afectando el normal desarrollo fenológico de las plantas, adicionado a esto el efecto negativo de plagas, enfermedades y heladas en los campos agrícolas, lo que va correlacionado con los bajos rendimientos de producción agrícola, situación que pone en riesgo evidente la economía campesina.

11.4 Los resultados de los análisis de suelos de las zonas de estudio, nos indican que la Microcuenca Huangamarca se caracteriza por suelos de mediana fertilidad, en cambio la Microcuenca Pollo presenta suelos de mediana a baja fertilidad, por la presencia de contenido medio de fósforo y bajo en materia orgánica (1%).

11.5 Los resultados obtenidos muestran cómo las prácticas agrícolas desarrolladas en las microcuencas Huangamarca y Pollo aún no han degradado en forma significativa los suelos y la calidad de las aguas superficiales. En consecuencia, resulta evidente la necesidad de mantener un manejo adecuado de suelos en esta área, ya que el conocimiento de la calidad de un recurso natural escaso en las microcuencas mencionadas así como la protección del mismo frente a la contaminación, es de interés desde el punto de vista medioambiental y en la perspectiva del desarrollo de la agricultura sustentable.

11.6 Los suelos de los agroecosistemas estudiados corresponden a una clase de asociación de suelos regosoles eútrico y cambisoles eútrico que se caracterizan por ser poco evolucionados y en los que encontramos una baja y mediana fertilidad, lo que no permite a los agricultores obtener cosechas óptimas y más aún por su bajo nivel tecnológico; encontrándose ellos en riesgo de su seguridad alimentaria, situación complicada por las condiciones adversas de clima como las registradas en la campaña agrícola 2005-2006, caracterizado por la escasez de lluvias que limitaron el normal desarrollo de los sembríos de papa y cereales representativos en las zonas altas, medias y bajas de las zonas de estudio.

Los procesos que conducen a la degradación del suelo, derivados de la interacción del mismo con el clima, el manejo de suelos y las prácticas de los sistemas agrícolas, son de naturaleza física, química y biológica, con fuertes influencias recíprocas.

11.7 Uno de los factores que más ha contribuido a no prevenir la degradación de los suelos, ha sido la falta de conocimientos adecuados acerca de las propiedades de los suelos y sus posibles reacciones a la interacción clima-manejo.

11.8 Los resultados de los estudios de contaminación de los ríos por elementos abióticos con incidencia por nitratos, se registra hasta un promedio de 0,043 meq/l en la Microcuenca Huangamarca y sulfatos, 0,0395 meq/l como promedio en la Microcuenca Pollo, valores que están por debajo de los niveles permisibles, según los estándares de calidad de agua para riego; concluyéndose de que las aguas de las microcuencas estudiadas no tienen riesgos en su utilización.

Respecto a los elementos bióticos, con especificidad a heterótrofos (bacterias totales) analizados en las aguas captadas por los medidores- sedimentadores instalados en las microcuencas estudiadas, se encontraron niveles que llegaron hasta $20X10^3$ heterótrofos (UFC)/mL, considerado de carga baja que no afecta la calidad del agua. Así mismo, no se encontró presencia de parásitos ni protozoarios en las aguas de regadío de ambas microcuencas.

XII. RECOMENDACIONES

12.1 Frente a la tendencia de pérdidas de suelos en general en las microcuencas Huangamarca y Pollo, que afectan a los agroecosistemas estudiados que son frágiles y que configuran vulnerabilidad a los efectos de las condiciones climáticas, se recomienda el desarrollo de una agricultura basada en el concepto de sistemas integrados de producción que incorpore fundamentalmente en el uso del suelo las actividades agrícola, ganadera, forestal; teniendo como eje el hogar rural. Entre estos elementos, bajo un conocimiento formal lógico-matemático habrá una relación interindividual para lograr los objetivos productivos de los agro-ecosistemas. En esta perspectiva será imprescindible acudir a la planificación de sistemas de producción sustentable, considerando la fase importante como insumo esencial limitado que resulta del estudio, el agua. Precisando la propuesta de acciones para la captación de agua, habida cuenta que se pierde por escorrentía en el orden de hasta 1044 mm en el período de lluvias, y que muy bien este escaso recurso hídrico se puede utilizar a través de represamientos para aplicaciones de riego presurizado (por goteo, aspersión) en sistemas de terrazas; aliviando así las geoformas de relieves de mayores pendientes que caracterizan a la zona de estudio.

Este nuevo paradigma tecnológico a ser difundido en la cuenca alta del río Moche permite controlar externalidades y nos aproxima a la promoción del desarrollo de una agricultura sustentable.

12.2 Las condiciones de un paisaje de monocultivos de papa y cereales, amerita que los agricultores asuman un nuevo rol del empleo de prácticas agrícolas consistentes en sistemas de policultivos, asociaciones y rotaciones que son viables considerando los cultivos andinos (oca, olluco, mashua, quinua, tarwi) y los tradicionales introducidos (haba, alverja).

Esta recomendación de la utilización de nuevos sistemas de conducción de cultivos en los escenarios de una agricultura minifundista, se debe orientar a una producción social con agricultores líderes bajo un carácter asociativo, consistente en grupos organizados de núcleo de productores con tendencia a la producción de economía de escala y de mayor acceso al mercado, con visión sustentable desde el punto de vista económico, social y ambiental.

12.3 Los niveles de mediana y baja fertilidad de los suelos de los agro ecosistemas estudiados, exigen la mejora de los mismos a través del reciclaje que se debe dar con la utilización de residuos agrícolas y la materia orgánica procedentes de las diversas crianzas que caracterizan a la pequeña agricultura de la cuenca alta del río Moche.

12.4 Repetir este trabajo bajo procedimientos experimentales en áreas representativas de la cuenca alta del río Moche, y en diferentes escenarios.

12.5 Establecer un plan de control de erosiones en cada una de las microcuencas y su efecto en los rendimientos de la producción agrícola.

XIII. REFERENCIAS BIBLIOGRÁFICAS

ALEGRE, JC. 1979. Medida de la erosión hídrica de un entisol de la selva alta (San Ramón-Chanchamayo) bajo diferentes sistemas de cultivo. Universidad Nacional Agraria La Molina. Tesis para optar el grado de Magister Scientiae. Lima-Perú.

ALEGRE, JC; FELIPE-MORALES, C; LA TORRE, B. Soil erosion studies in Peru. Journal of soil and water conservation. Mayo-Junio 1990. p. 417 - 418.

ALTIERI, MA. 1999. El rol ecológico de la biodiversidad en agroecosistemas. Universidad de California. Berkeley – CLADES. p. 8.

ALTIERI, MA. 1987. Agroecology: The scientific basis of alternative agriculture. Westview.

ALVERA, B. 1990. Ciclos de elementos minerales en dos pinares pirenaicos. Tesis, Universidad Complutense de Madrid, 754, Madrid.

ALLISON, LE; et al. 1994. Diagnóstico y rehabilitación de suelos salinos y sódicos. Ed. Noriega editores. 8 ed. México. 172 p.

AMAT y LEÓN, C. 2006. "El Perú Nuestro de cada día". Cap. 1: Somos un país de montañas tropicales. p. 21-23

AMEZQUITA, CE. 1992. Procesos físicos de degradación de suelos en Colombia. Actualidades ICA (Colombia) 6 (70): 1-21.

ARAUZO, G. 2006. Perú: La lluvia ácida en la región Junín. Consultado 15 feb. 2011. Disponible en http://aura.gsfc.nasa.gov/science/top10_smelters.html).

BENITES, J; SAINTRAINT, D; MORIMOTO, K. 1992. Degradación de suelos y producción agrícola. Depósitos de documentos de la FAO, Erosión de suelos en América Latina. Consultado 11 feb. 2011. Disponible en http://www.fao.org/docrep/T2351S/T2351S08.htm#Tema%203%20:%20Degradación%

BIENES, R. 1997. Pérdida de nutrientes de suelos con distintos tipos de usos del territorio en el centro de la península ibérica. Instituto Madrileño de Investigación Agraria y Alimentaría. Comunidad de Madrid – España.

CABALLERO, W; et al. 2002. Hacia una nueva agricultura. 1 ed. CONCYTEC. Lima. 315 p.

CABALLERO W; FLORES, A. 2004. La sierra: Primera prioridad para salir del subdesarrollo agrario. 1 ed. CONCYTEC. Lima. 272 p.

CCTA; CENTRO IDEAS; CCAIJO. 1999. "La gestión de microcuencas". Cap. 3: Cuencas, microcuencas y desertificación en las montañas andinas. p.52.

CEPAL (Comisión Económica para América Latina, ME). 2008. Gestión del agua. División de Recursos Naturales e Infraestructura sobre gestión de cuencas.

CHAMOCHUMBI W. M. 1987. Inventario, evaluación y uso de andenes en la cuenca del río Lurín. Tesis para optar el título de Ingeniero Agrónomo. UNALM. Lima-Perú. 111 p.

CORLIB (Corporación de Desarrollo de La Libertad, PE). 1988. Estudio y plan de manejo integral de la cuenca hidrográfica del río Moche, Vol. I. Gerencia de Promoción y Desarrollo. Trujillo. p.100.

CTAR (Consejo Transitorio de Administración Regional La Libertad, PE). 1997. Dinámica socio-demográfica, económica y desarrollo. Trujillo. p.13.

COSSÍO A; JAEN, H. 1967. Geología de los cuadrángulos de Puémape, Chocope, Otuzco, Trujillo, Salaverry y Santa. Instituto Geológico Minero y Metalúrgico. Boletín N° 17. Lima. 141 p.

DIGESA (Dirección General de Sanidad Ambiental, PE). 2010. Estándares de calidad ambiental de agua. Grupo N° 3: Riego de vegetales y bebida de animales. Lima. Consultado 15 marzo 2011. Disponible en www.digesa.sld.pe/DEPA/informes.../GRUPO%20DE%20USO%203.pdf

DORRONSORO, C. 2006. La Erosión del Suelo: Tipos de Procesos Erosivos Universidad de Granada. España. Consultado 16 marzo 2011. Disponible en http://weblogs.madrimasd.org/universo/archive/2006/03/11/15557.aspx

DOUROJEANNI, A; LENZI, M. 1986. Estrategia para el desarrollo y manejo de la región andina: Una propuesta de acción a nivel de cuenca hidrográfica: Anales del seminario taller sobre manejo integral de cuencas hidrográficas. CATIE, Turrialba.

ELLISON, WD. 1947. Soil Erosion. Soil Sci. Soc. Am. Proc., Madison, 12: 479-84. Consultado 10 feb. 2010. Disponible en: http://www.fao.org/docrep/t2351s/t2351s07.htm#la%20erosion%20y%20el%20rendimiento%20de%20los%20cultivos

EL-SWAIFY, S.A. 1981. Susceptibilites of certain tropical soils to erosion by water. In: GREENLAND, DJ; LAL, R. Ed. Soil Conservation & Management in the humid tropics. Chichester (Inglaterra), John Wiley & Sons. p.71 -77.

EHLERS, E. 1999. Agricultura sustentável. 2 ed. Livraria e Editora Agropecuária Ltda. Guíaba – Brasil. 157 p.

FAO (Organización de las Naciones Unidas para la Agricultura y la Alimentación, IT). 2008. Conferencias de la organización de las Naciones Unidas. Consultado 14 agosto 2010. Disponible en www.un.org/spanish/News/fullstorynews

FAO (Organización de las Naciones Unidas para la Agricultura y la Alimentación, IT). 1991. Desarrollo de sistemas agrícolas. Via dalle Terme di Caracalla, 00100 Roma, Italia. 256 p.

FAO (Organización de las Naciones Unidas para la Agricultura y la Alimentación, IT). 1993. Erosión de suelos en América Latina. Proyecto GCP/RLA/107/JPN. Apoyo para una Agricultura Sostenible Mediante Conservación y Rehabilitación de Tierras en América Latina. Via dalle Terme di Caracalla, 00100 Roma, Italia.

FAO/UNESCO. 1998. Grupos principales de suelos y unidades de suelos. Consultado 10 agosto 2010. Disponible en www.unex.es/GCSL4Prct12Ejerresp.htm - 33k

FAO (Food and Agriculture Organization of the United Nations, IT). 1990. Guidelines for soil description. Rome, Italy.

FAO (Organización de las Naciones Unidas para la Agricultura y la Alimentación, IT) 1992. Sustainable Development and the Environment; FAO Policies and Actions, Stockholm 1972 - Rio 1992, Roma: FAO D/U7260E/2/1.94/3000. Consultado 14 agosto 2010. Disponible en www.fao.org/docrep/X2777S/X2777S07.htm.

FAO (Organización de las Naciones Unidas para la Agricultura y la Alimentación, IT) 1967. Evaluación de la tolerancia a las pérdidas de suelo. Roma. p. 338-351.
Consultado 22 marzo 2010. Disponible en www.juntadeandalucia.es/medioambiente/web/

FAO (Organización de las Naciones Unidas para la Agricultura y la Alimentación, IT) - PNUMA (Programa de las Naciones Unidas para el Medio Ambiente, KE)-UNESCO (Organización de las Naciones Unidas para la Educación, Ciencia y Cultura, FR). 1980. Metodología provisional para la evaluación de la degradación de los suelos. Roma. 86 p. Consultado 10 marzo 2010. Disponible en
www.ugr.es/~aguas/archivos_pdf/articulos...sn/8.-%20CESNEVAD.pdf

FELLER M. C. y KIMMINS, J. P. 1984. Effects of clearcutting on streamwater chemistry and watershed nutrient budgets in southern British Columbia. Water Resources Research, Vol. 20, 29-40.

FELIPE-MORALES, C. 2002. "Manejo agroecológico del suelo en sistemas andinos". En: AGROECOLOGIA, el camino hacia una agricultura sustentable. Ediciones científicas Sudamericanas. Buenos Aires. p. 5.

FOURNIER, F. 1960. Climat et erosion. Ed. Presses Universitaires de France. París.

FRANCESCHETTI, G; FUSETTI, G. 1993. Lo sviluppo sostenibile. UNIPRESS s.a.s. Padova – Italy. 187 p.

GOLTE, J. 2001. Ecología y tecnologías apropiadas. IEP. Lima

GONZALES, F. 2004. "Visión sectorial del desarrollo sostenible". En Hacia una estrategia nacional sobre desarrollo sostenible. 1 ed. Gráficos S.R.L. Lima. p. 86- 87.

GROBMAN, T. 2003. El desarrollo del agroperuano: situación, posibilidades y propuestas. Instituto Peruano de Economía Social de Mercado. Lima. p. 56-57.

HUERTA, AP. 1997. "La investigación para la agricultura sostenible". Ponencia en el IX Congreso Nacional de Ingenieros Agrónomos y Profesionales Afines. Consejo Departamental de La Libertad. Trujillo. p. 6.

INEI (Instituto Nacional de Estadística e Informática, PE); MINISTERIO DE AGRICULTURA. 1996. III Censo Nacional Agropecuario, La Libertad, perfil agropecuario. Dirección Técnica de Censos y Encuestas. Editora Gráfica Tricolor. Lima. 408 p.

INRENA (Instituto Nacional de Recursos Naturales, PE). Procesos de degradación ambiental. 1996.

INRENA ((Instituto Nacional de Recursos Naturales, PE). 1997. Mapa de erosión de suelos del Perú (Escala 1:2´500,000). Nivel exploratorio. Lima.

IPROGA (Instituto de promoción para la gestión del agua, PE). 1996. "Metodología para la elaboración de Planes Maestros de Cuencas". Lima. 77 p.

JONES, CA; et al. 1992. Predicción de la erosión hídrica y eólica del suelo. Depósitos de documentos de la FAO. Erosión de suelos en América Latina.

LASANTA, T; GARCIA, JM. 1997. Exportación de solutos desde diferentes usos del suelo. Estudio experimental en el pirineo central español. Instituto Pirenaico de Ecología, CSIC, Campus de Aula Dei. Zaragoza.

LA TORRE, B. 1985. Efecto de sistemas de cultivos sobre la escorrentía, erosión y pérdida de nutrientes en un entisol de la selva alta-CAP José Santos Atahualpa-San Ramón-Chanchamayo. Universidad Nacional Agraria La Molina. Tesis para optar el grado de Magiter Scientiae y el título de Ingeniero Agrónomo. Lima – Perú.

LENNTECH, 2009. Peligro del sodio en aguas de regadío.
Consultado 10 marzo 2010. Disponible en
http://www.lenntech.es/aplicaciones/riego/sar/riesgo-sodio-en-regadios.htm#ixzz1BDhr2zdh

LENNTECH, 1998. Agua residual y purificación del aire. Rotterdamseweg. Holanda
Consultado 10 marzo 2010. Disponible en
http://www.lenntech.com/espanol/FAQ-cantidad-agua.htm

LLORENS, P; et al. 1997. Studying solute and particulate sediment transfer in a small Mediterranean mountainous catchment subject to land abandonment.
Earth Surface Processes and Landforms, 22; 1027-1035

MARELI, H. 2004. Ärea de Suelos y Producción Vegetal. INTA Pág. Web
Consultado 10 marzo 2010. Disponible en
http://www.inta.gov.ar/MJUAREZ/info/documentos/Suelos/erhidrica04res.htm

MELVIN, SW; et al. 1992. Water Quality. In: Midwest Plan Service (ed.), Conservation tillege Sistems and managementr. p. 48-55. Iowa State University, Ames, Iowa, USA.

NGUYEN VAN DE. 2007. Erosion and Nutrient Loss on Sloping Land under Intense Cultivation in Southern Vietnam. Land Resources Department, Sub Institute of Geography – Vietnamese Academy and Technology. p. 14.

ONERN (Oficina Nacional de Evaluación de Recursos Naturales, PE). 1982. Uso actual y potencial de los suelos del Perú.. Lima

PAULETTI, MG. 1999. Invertebrate biodiversity as bioindicators of sustainable landscapes. Departament of Biology University of Padova. Italy. p. 5.

PAULETTI, MG; et al. 1993. Socio-economic and policy issues for sustainnable farming systems. Cooperativa Amicizia S.r.l. Padova, Italy. 308 p.

PLA, SI. 1988. Desarrollo de índices y modelos para el diagnóstico y prevención de la degradación de suelos agrícolas. Mención científica. Caracas (Venezuela). Banco Consolidado. 58 p.

PORTA, J; LOPEZ-ACEVEDO, M; ROQUERO, C. 1994. Edafología para la agricultura y el medio ambiente. Ediciones mundi-Prensa. Madrid. p. 23.

PRONAMACHCS (Programa Nacional de Manejo de Cuencas Hidrográficas y Conservación de Suelos, PE). 2004. 1 ed. Lima. p. 39.

PUIGDEFÁBREGAS, J; ALVERA, B. 1986. Particulate and dissolved matter in snowmelt runoff from small watersheds. Z. Geomorph., 58, 69-80.

REMMERS, GG. 1993. “Agricultura tradicional y agricultura ecológica: vecinos distantes”. Agricultura y sociedad N° 66 (Enero-Marzo). Córdoba. p. 211.

STECHER, A. 1995. “Las Cuencas como espacios de desarrollo”. Aporte al estudio “Estrategia ambiental en el Perú”. Consultoría BID/CIUP. p 1-5.

SANCHEZ, F; CUADRADO, S. 1986. El agua y el medio físico del suelo. Ed. EUROPA Artes Gráficas, S.A. Salamanca – España. p. 36. Consultado 20 marzo 2011
Disponible en
www.desarrolloruralextremadura.com/administracion_local/administracion_local/planes_estrategicos.../descarga.php?file=78

TAPIA, M. 1982. El medio, los cultivos y los sistemas agrícolas en los andes del sur del Perú. Proyecto de Investigación de los sistemas agrícolas andinos. IICA/CIID. Cusco. p. 11.

VERSTRATEN, JM. 1977. Chemical erosion in a forested watershed in the Oesling, Luxembourg. Earth Surface Processes, 2, 175-184.

WORLD VISION CANADA 2004. Manual de manejo de cuencas. Costa Rica. p 18.

YÁNEZ, J; SANCHEZ, R; MARIO, A. 1987. "Fundamentos del uso integral del agua en un ecosistema. p. 6. En: Manual Silvo-Agropecuario. Tomo VI-Vol.4: Producción y uso del suelo y agua. Publicado por la junta del Acuerdo de Cartagena y la Comunidad Económica Europea.

ZELADA, E. 2001. "Certificación de la producción orgánica: los pasos a seguir". Agroforestería en las Américas Vol. 8 No 32. Consultado 16 Feb. 2010. Disponible en www.tesisenxarxa.net/TESIS_UAB/AVAILABLE/TDX-0627106-123725//nms2de2.pdf

ANEXOS

ANEXO 1

Cuadros de resultados de pérdidas de suelo y encuestas sobre actividades agrícolas en las microcuencas Huangamarca y Pollo.

Cuadros: 11,12,14,16,17,18,19,20,21,22,23,25,26,27,28,29,30,31,33,34,35,36,37,38,39 y 40.

Cuadro 11: Pérdidas de suelo por escorrentía captado en medidores – sedimentadores en la Microcuenca Huangamarca

Código Lab.		Vertedero Sedimentador	Coordenadas (UTM)		Altitud (msnm)	Fecha de colecta	Pérdida (volumen de suelo m3)	Pérdida (peso suelo Kg.)
			Este	Norte				
ZONA ALTA	2420	Cesar Vallejo	781899	9130090	3445	08-04-06	0,0875	175
Sub Total							0,0875	175
ZONA MEDIA	1350	S. Francisco del Suro	776353	9125762	3380	20-03-06	0,0875	175
	2416	S. Francisco del Suro	776353	9125762		28-03-06	0,0875	175
	2417	S. Francisco del Suro	776353	9125762		03-04-06	0,0875	175
Sub Total							0,2625	525
Gran Total							0,3500	700

Cuadro 12: Pérdidas de suelo por escorrentía captado en medidores – sedimentadores en la Microcuenca Pollo

Código Lab.		Vertedero Sedimentador	Coordenadas (UTM)		Altitud (msnm)	Fecha de colecta	Pérdida (volumen de suelo m3)	Pérdida (peso suelo Kg.)
			Este	Norte				
ZONA ALTA	1349	Pollo	765224	9131800	3533	20-03-06	0,0875	175
	2418	Pollo	765224	9131800	3533	07-04-06	0,0875	175
	2419	Pollo	765224	9131800	3533	17-04-06	0,0875	175
Sub Total							0,262	525
ZONA MEDIA	2414	Carnachique	766230	9129266	2895	12-02-06	0,0875	175
	1348	Carnachique	766230	9129266	2895	20-03-06	0,0875	175
Sub Total							0,175	350
Gran Total							0,437	875

Cuadro 14: Registro de precipitaciones totales mensuales (mm). Periodo 1988-2011

ESTACION : SALPO / 000398 / DRE-03

Latitud : 8° 0' "S" Dpto. : La Libertad
Longitud : 78° 37' "W" Prov. : Otuzco
Altitud : 3250 msnm Dist : Salpo

AÑO	ENE.	FEB.	MAR.	ABR.	MAY.	JUN.	JUL.	AGO.	SET.	OCT.	NOV.	DIC.	TOTAL
1988	111.6	82.6	74.9	99.0	59.0	2.4	1.2	16.7	10.1	56.9	11.8	0.0	526.2
1989	94.9	187.8	107.7	84.1	21.3	S/D	6.7	5.7	20.7	111.8	7.0	0.0	647.7
1990	42.4	46.8	125.8	49.8	30.0	25.1	0.0	0.0	14.2	70.7	10.4	51.2	466.4
1991	84.0	102.4	122.2	79.3	32.6	0.5	0.0	0.0	13.9	126.5	53.6	25.2	640.2
1992	84.2	30.4	126.3	114.6	47.6	30.6	55.3	5.9	43.4	31.4	14.5	12.6	596.8
1993	162.0	393.2	560.4	403.2	34.1	5.6	9.0	2.0	80.0	78.0	44.3	89.9	1861.7
1994	91.9	113.1	166.3	123.6	58.6	18.2	3.5	0.0	41.4	2.1	54.2	71.2	744.1
1995	125.1	77.2	64.1	68.0	22.6	4.0	13.8	6.5	14.4	56.8	47.8	74.1	574.4
1996	94.1	171.8	119.0	56.4	35.0	3.2	0.4	21.0	21.5	54.5	3.2	7.1	587.2
1997	16.8	158.1	48.9	101.8	17.4	7.1	2.9	0.0	12.0	23.1	118.0	203.4	709.5
1998	177.9	267.0	325.3	118.7	32.5	10.9	2.2	17.1	39.1	52.1	13.6	26.4	1082.8
1999	108.1	244.6	50.7	93.6	57.5	13.5	13.3	0.5	40.1	32.5	11.1	37.0	702.5
2000	56.8	152.0	147.5	124.6	85.1	22.7	3.6	31.1	30.1	69.5	26.2	111.3	860.5
2001	136.7	105.1	233.2	151.9	29.4	19.1	9.1	0.3	58.1	23.9	46.7	43.4	856.9
2002	51.4	135.1	155.7	86.4	14.5	30.3	0.3	0.0	2.9	79.8	109.0	52.2	717.6
2003	82.5	88.8	124.2	76.1	12.7	23.4	13.2	0.0	2.2	6.0	26.3	46.8	502.2
2004	10.0	73.5	123.6	43.4	15.5	0.2	5.9	0.0	18.5	69.6	27.8	71.3	459.3
2005	65.3	58.1	96.7	103.4	1.9	0.9	0.0	9.8	7.7	31.5	17.3	39.5	432.1
2006	66.8	131.6	267.5	80.9	27.7	19.2	0.0	26.2	36.3	7.8	63.9	31.5	759.4
2007	138.0	49.3	141.8	97.4	20.4	0.0	6.1	16.3	15.8	55.6	73.7	27.3	641.7
2008	109.3	134.7	145.5	138.1	5.9	14.9	7.4	10.8	11.6	52.1	109.5	2.0	741.8
2009	184.9	112.5	149.4	113.2	17.7	5.4	17.4	6.0	1.9	98.1	47.5	43.6	797.6
2010	80.5	109.6	84.4	111.6	27.6	23.1	2.0	5.4	37.9	15.1	34.3	39.7	571.2
2011	71.4	41.5	55.8	167.8	12.6	5.4	12.9	2.0	S/D	S/D	S/D	S/D	369.4

Fuente: Servicio Nacional de Meteorología e Hidrología (SENAMHI)

Cuadro 16: Rendimientos por hectárea de cultivo de papa obtenido por los agricultores de la microcuenca Huangamarca, zona alta-César Vallejo (Campaña agrícola 2004-2005)

Rendimientos (Kg/há)	Agricultores que obtuvieron rendimientos en el cultivo de papa	
	Cantidad	%
3000	1	2.0
5000	3	6.0
6000	11	22.0
8000	2	4.0
10000	7	14.0
11000	1	2.0
12000	2	4.0
14000	14	28.0
15000	3	6.0
16000	6	12.0
Total	**50**	**100**

Fuente: Elaboración propia

Cuadro 17: Cultivo de mayor siembra realizado por los agricultores de la microcuenca Huangamarca, zona alta-César Vallejo (Campaña agrícola 2004-2005)

Cultivo	Agricultores que han sembrado mas algun cultivo en la ultima campaña	
	Cantidad	%
Papa	50	100.00
Total	**50**	**100**

Fuente: Elaboración propia

Cuadro 18: Problemas de plagas y/o enfermedades que tienen los agricultores de la microcuenca Huangamarca, zona alta – César Vallejo

Plagas/enfermedades	Agricultores que tienen problemas de plagas y/o enfermedades	
	Cantidad	**%**
Prennotrypes spp. (Gorgojo de los andes)	33	70.2
Phytophthora infestans (rancha)	14	29.8
Total	**47**	**100**

Fuente: Elaboración propia

Cuadro 19: Principales problemas que tuvieron los agricultores en los agroecosistemas de la microcuenca Huangamarca, zona alta – César Vallejo (campaña agrícola 2004-2005)

Principales problemas (Heladas/plagas)	Agricultores que tuvieron problemas	
	Cantidad	**%**
Heladas	18	48.6
Plagas	19	51.4
Total	**37**	**100**

Fuente: Elaboración propia

Cuadro 20: Cultivo de mayor siembra realizado por los agricultores de la microcuenca Pollo, zona alta-Pollo

Cultivo	Agricultores que han sembrado mas algun cultivo en la ultima campaña	
	Cantidad	%
Papa	43	47.9
Trigo	21	23.3
Cebada	21	23.3
Arveja	3	3.3
Maiz	1	1.1
Chocho	1	1.1
Total	**128**	**100**

Fuente: Elaboración propia

Cuadro 21: Rendimientos por hectárea de cultivo de papa obtenido por los agricultores de la microcuenca Pollo, zona alta-Pollo

Rendimientos (Kg/há)	Agricultores que obtuvieron rendimientos en el cultivo de papa	
	Cantidad	%
1.2	1	1.1
23.0	8	9.0
34.5	10	11.1
35.0	1	1.1
46.0	7	8.0
51.8	1	1.1
57.0	1	1.1
57.5	12	13.3
69.0	1	1.1
92.0	2	2.2
103.5	2	2.2
115.0	2	2.2
138.0	1	1.1
172.5	4	4.4
207.0	1	1.1
230.0	5	5.7
250.0	1	1.1
264.5	1	1.1
276.0	1	1.1

287.0	1	1.1
345.0	13	14.4
402.5	1	1.1
437.0	1	1.1
460.0	2	2.2
600.0	1	1.1
690.0	3	3.3
920.0	1	1.1
1035.0	1	1.1
2300.0	1	1.1
2400.0	2	2.2
5290	1	1.1
Total	**90**	**100**

Fuente: Elaboración propia

Cuadro 22: Problemas de plagas y/o enfermedades que tienen los agricultores de la microcuenca Pollo, zona alta

Plagas/enfermedades	**Agricultores que tienen problemas de plagas y/o enfermedades**	
	Cantidad	**%**
Phytophtora infestans (Rancha)	30	76,92
Prennotrypes spp. (Gorgojo de los andes)	1	2,56
Puccinia striiformis (Roya amarilla)	7	17,96
Mysuz sp. (Pulgón)	1	2,56
Total	**39**	**100**

Fuente: Elaboración propia

Cuadro 23: Principales problemas que tuvieron los agricultores en los agroecosistemas de la microcuenca Pollo, zona alta (campaña agrícola 2004-2005)

Principales problemas (Heladas/plagas)	Agricultores que tuvieron problemas	
	Cantidad	%
Helada	21	43,75
Sequia	19	39,58
Enfermedades	1	2,08
Plagas	5	10,42
Falta de recursos	2	4,17
Total	**48**	**100**

Fuente: Elaboración propia

Cuadro 25: Rendimientos por hectárea de cultivo de papa obtenido por los agricultores de la microcuenca Huangamarca, zona media-San Francisco de Suro (Campaña agrícola 2004-2005)

Rendimientos (Kg/há)	Agricultores que obtuvieron rendimientos en el cultivo de papa	
	Cantidad	%
25	1	0.7
40	1	0.7
50	3	2.1
100	13	9.3
120	4	2.9
150	4	2.9
200	28	20.0
240	1	0.7
300	6	4.3
308	1	0.7
350	1	0.7
400	9	6.4
440	1	0.7

495	1	0.7
500	12	8.6
600	9	6.4
660	2	1.4
700	1	0.7
750	1	0.7
800	4	2.9
900	1	0.7
960	1	0.7
1000	2	1.4
1100	3	2.1
1200	6	4.3
1350	1	0.7
1500	3	2.1
1600	1	0.7
1760	1	0.7
1900	1	0.7
2000	3	2.1
2050	1	0.7
2200	1	0.7
2415	1	0.7
2500	1	0.7
3000	2	1.4
3300	1	0.7
3550	1	0.7
6800	1	0.7
7000	1	0.7
8000	1	0.7
13000	1	0.7
13800	1	0.7
19000	1	0.7
Total	**50**	**100**

Fuente: Elaboración propia

Cuadro 26: Cultivo de mayor siembra realizado por los agricultores de la microcuenca Huangamarca, zona media- San Francisco de Suro (Campaña agrícola 2004-2005)

Cultivo	Agricultores que han sembrado mas algun cultivo en la ultima campaña	
	Cantidad	%
1	1	0.7
Papa	82	56.5
2	1	0.7
Trigo	31	21.4
Cebada	10	6.9
Avena	6	4.1
Haba	1	0.7
Oca	2	1.4
Olluco	10	6.9
Otros	1	0.7
Total	**145**	**100**

Fuente: Elaboración propia

Cuadro 27:Problemas de plagas y/o enfermedades que tienen los agricultores de la microcuenca Huangamarca, zona media – San Francisco de Suro

Plagas/enfermedades	Agricultores que tienen problemas de plagas y/o enfermedades	
	Cantidad	%
Prennotrypes spp. (Gorgojo de los andes)	50	47.2
Phytophthora infestans (rancha)	28	26.4
Puccinia striiformis (Roya amarilla)	22	20.8
Copitarsia turbata (Gusanos de tierra)	5	4.7
Liriomyza huidobrensis (Mosca minadora)	1	0.9
Total	**106**	**100**

Fuente: Elaboración propia

Cuadro 28: Principales problemas que tuvieron los agricultores en agro ecosistemas de la microcuenca Huangamarca, zona media – San Francisco de Suro (campaña agrícola 2004-2005)

Principales problemas (Heladas/plagas)	Agricultores que tuvieron problemas	
	Cantidad	%
Helada	67	47.8
Sequia	7	5.0
Enfermedades	41	29.3
Plagas	20	14.3
Falta de recursos	5	3.6
Total	**140**	**100**

Fuente: Elaboración propia

Cuadro 29: Cultivo de mayor siembra realizado por los agricultores de la microcuenca Pollo, zona media- Carnachique

Cultivo	Agricultores que han sembrado mas algun cultivo en la ultima campaña	
	Cantidad	%
Papa	2	4.5
Trigo	26	59.1
Cebada	9	20.5
Arveja	7	15.9
Total	**44**	**100**

Fuente: Elaboración propia

Cuadro 30: Rendimientos por hectárea de cultivo de papa obtenido por los agricultores de la microcuenca Pollo, zona media- Carnachique

Rendimientos (Kg/há)	Agricultores que obtuvieron rendimientos en el cultivo de papa	
	Cantidad	%
23.0	4	9.1
34.5	11	25.0
46.0	17	38.6
57.5	3	6.8
69.0	1	2.3
80.5	2	4.5
92.0	1	2.3
115.0	2	4.5
149.5	1	2.3
172.5	1	2.3
575.0	1	2.3
Total	**44**	**100**

Fuente: Elaboración propia

Cuadro 31: Problemas de plagas y/o enfermedades que tienen los agricultores de la microcuenca Pollo, zona media – Carnachique

Plagas/enfermedades	Agricultores que tienen problemas de plagas y/o enfermedades	
	Cantidad	%
Phytophthora infestans (Rancha)	2	15,39
Puccinia striiformis (Roya amarilla)	1	7,69
Spodoptera frugiperda (Cogollero)	1	7,69
Liriomyza huidobrensis (Mosca minadora)	9	69,23
Total	**13**	**100**

Fuente: Elaboración propia

Cuadro 33: Cultivo de mayor siembra realizado por los agricultores de la microcuenca Huangamarca, zona baja- Huangamarca (Campaña agrícola 2004-2005)

Cultivo	Agricultores que han sembrado mas algun cultivo en la ultima campaña	
	Cantidad	%
Papa	15	11.7
Trigo	46	35.9
Cebada	2	1.6
Arveja	1	0.8
Maiz	63	49.2
Otros	1	0.8
Total	**128**	**100**

Fuente: Elaboración propia

Cuadro 34: Rendimiento por hectárea de cultivo de papa obtenido por los agricultores de la microcuenca Huangamarca, zona baja Huangamarca

Rendimiento (Kg/ha)	Agricultores que obtuvieron rendimientos en el cultivo de papa	
	Cantidad	%
60	1	.8
100	7	5.5
150	1	.8
200	15	11.7
250	9	7.0
300	9	7.0
350	6	4.7
352	1	.8
400	15	11.7
500	7	5.5
600	2	1.6
650	5	3.9
700	3	2.3
750	1	.8
800	10	7.8
900	1	.8
1000	9	7.0
1155	1	.8
1500	2	1.6
1600	1	.8
2000	2	1.6
2400	1	.8
2500	1	.8
3000	1	.8
4000	5	3.9
8000	7	5.5
9000	1	.8
10000	1	.8
Total	**125**	**97.7**

Cuadro 35: Principales problemas que tuvieron los agricultores en los agroecosistemas de la microcuenca Huangamarca, zona baja – Huangamarca (campaña agrícola 2004-2005)

Principales problemas (Heladas/plagas)	Agricultores que tuvieron problemas	
	Cantidad	%
Helada	5	4.0
Sequia	79	63.7
Enfermedades	14	11.3
Plagas	25	20.2
Falta de recursos	1	0.8
Total	**124**	**100**

Fuente: Elaboración propia

Cuadro 36: Problemas de plagas y/o enfermedades que tienen los agricultores de la microcuenca Huangamarca, zona baja – Huangamarca

Plagas/enfermedades	Agricultores que tienen problemas de plagas y/o enfermedades	
	Cantidad	%
Phytophthora infestans (Rancha)	9	9.8
Puccinia striiformis (Roya amarilla)	35	38.0
Spodoptera frugiperda (Cogollero)	47	51.1
Myzus sp. (Pulgón)	1	1.1
Total	**92**	**100**

Fuente: Elaboración propia

Cuadro 37: Cultivos de mayores siembras por los agricultores de la microcuenca Pollo, zona baja- Trigopampa

Cultivo	Agricultores que han sembrado mas algun cultivo en la ultima campaña	
	Cantidad	%
Papa	3	5.3
Trigo	29	51.8
Cebada	1	1.8
Arveja	14	25.0
Maiz	9	16.1
Total	**56**	**100**

Fuente: Elaboración propia

Cuadro 38: Rendimientos por hectárea de cultivo de papa obtenido por los agricultores de la microcuenca Pollo, zona baja- Trigopampa

Rendimientos (Kg/há)	Agricultores que obtuvieron rendimientos en el cultivo de papa	
	Cantidad	%
6.9	1	1.8
23.0	1	1.8
46.0	2	3.6
55.0	3	5.4
57.5	1	1.8
66.0	1	1.8
92.0	1	1.8
110.0	1	1.8
115.0	1	1.8
138.0	2	3.6
172.5	1	1.8
200.0	1	1.8
220.0	1	1.8

230.0	3	5.4
240.0	1	1.8
260.0	1	1.8
275.0	1	1.8
300.0	1	1.8
320.0	2	3.6
345.0	2	3.6
368.0	1	1.8
400.0	5	8.9
402.5	2	3.6
500.0	1	1.8
575.0	1	1.8
621.0	1	1.8
700.0	2	3.6
805.0	1	1.8
920.0	1	1.8
924.0	1	1.8
969.0	1	1.8
1000.0	1	1.8
1600.0	1	1.8
2000.0	3	5.4
2500.0	1	1.8
3000.0	2	3.6
3500.0	1	1.8
4560.0	1	1.8
10400.0	1	1.8
Total	**56**	**100**

Fuente: Elaboración propia

Cuadro 39: Principales problemas que tuvieron los agricultores en agro ecosistemas de la microcuenca Pollo, zona baja- Trigopampa

Principales problemas (Heladas/plagas)	**Agricultores que tuvieron problemas**	
	Cantidad	**%**
Helada	3	5.4
Sequia	48	85.7
Enfermedades	2	3.5
Plagas	3	5.4
Total	**56**	**100**

Fuente: Elaboración propia

Cuadro 40: Problemas de plagas y/o enfermedades que tienen los agricultores de la microcuenca Pollo, zona baja-Trigopampa

Plagas/enfermedades	**Agricultores que tienen problemas de plagas y/o enfermedades**	
	Cantidad	**%**
Prennotripes spp (Gorgojo de los andes)	9	16
Phytophthora infestans (rancha)	15	26.8
Puccinia striiformis (Roya)	9	16
Spodoptera frugiperda (Cogollero)	12	21.5
Liriomyza huidobrensis (Mosca minadora)	11	19.7
Total	**56**	**100**

Fuente: Elaboración propia

ANEXO 2

Análisis de suelos de agroecosistemas y de agua de los lisímetros de las microcuencas Huangamarca y Pollo.

Cuadro 42. Resultados de análisis de suelos de agroecosistemas de la Microcuenca Huangamarca.

Cuadro 43. Resultados de análisis de suelos de agroecosistemas de la Microcuenca Pollo.

Cuadros 46, 47 y 48. Resultados de análisis de agua de los lisímetros de la Microcuenca Huangamarca.

Cuadros 50, 51 y 52. Resultados de análisis de agua de los lisímetros de la Micro cuenca Pollo.

Cuadro 42: Resultados de análisis de suelos de agroecosistemas de la Microcuenca Huangamarca

Micro cuenca/ Huangamarca		pH (1:1	C.E (1:1 dS/r	CaCC %	M.C %	Ppp	Kppi	Análisis Mecánicos			Clase Textu	CIC	Cambiables					Suma de Catio	Suma de Bases	% Sa de Bases
								Arena	Lim	Arcill			Ca+	Mg-	K+	Na+	Al+3			
Muestr	Zona							%	%	%			me/100g							
1	Alta	4.0	0.12	0.00	3.0	16.6	108	40	40	20	Fr.	22.4	11.9	3.55	0.46	0.56	3.00	19.5	16.51	24
2	Alta	3.9	0.20	0.00	3.3	11.8	280	66	28	6	Fr.	18.2	3.10	0.90	0.49	0.17	0.30	4.96	4.66	26
3	Media	5.3	0.18	0.00	3.1	30.2	160	42	40	18	Fr.	25.4	9.43	1.98	0.33	0.26	0.60	12.6	12.00	47
4	Media	4.7	0.10	0.00	3.5	12.8	112	30	40	30	Fr. /	28.8	12.5	2.19	0.22	0.28	0.40	15.5	15.19	53
5	Baja	7.0	0.33	0.50	1.2	39.7	361	46	30	24	Fr.	23.6	17.7	2.74	0.72	0.34	0.00	21.5	21.56	91
6	Baja	6.0	0.15	0.00	1.3	34.6	197	48	28	24	Fr.	23.3	12.5	2.79	0.34	0.17	0.00	15.8	15.85	68

Fuente: Elaboración propia a partir de los reportes del laboratorio de la UNALM

Cuadro 43: Resultados de análisis de suelos de agroecosistemas de la Microcuenca Pollo

Micro cuenca/ Pollo		pH (1:1)	C.E. (1:1) dS/m	CaCO %	M.O. %	Ppp	Kpp m	Análisis Mecánicos			Clase Textur	CIC	Cambiables					Suma de Catione	Sum De Base	% Sa de Bases
								Arena	Limo	Arcill			Ca+2	Mg+	K+	Na+	AI+3			
Muestr	Zona							%	%	%			me/100g							
1	Alta	4.7	0.07	0.00	3.2	10.8	208	44	36	20	Fr.	18.88	9.81	4.18	0.74	0.50	0.50	15.73	15.2	41
2	Alta	4.5	0.16	0.00	3.3	17.6	81	42	38	20	Fr.	23.36	7.51	2.11	0.15	0.20	0.40	10.37	9.97	43
3	Media	6.6	0.14	0.00	1.5	8.9	82	44	34	22	Fr.	27.84	17.97	4.30	0.18	0.40	0.00	22.85	22.8	47
4	Media	6.7	0.14	0.20	0.5	9.9	75	62	28	10	Fr. A.	24.32	14.27	2.12	0.16	0.46	0.00	17.01	17.0	70
5	Baja	7.3	0.23	0.80	1.9	8.9	173	54	32	14	Fr. A.	21.92	16.56	4.66	0.30	0.40	0.00	21.92	21.9	100
6	Baja	7.4	0.36	3.30	1.8	20.5	169	48	32	20	Fr.	23.68	18.38	4.52	0.42	0.37	0.00	23.69	23.6	100

Fuente: Elaboración propia a partir de los reportes del laboratorio de la UNALM

Cuadro 46: Resultados de análisis de agua de los lisímetros de la microcuenca Huangamarca (César Vallejo - Zona alta)

Muestra	**1**	**2**	**3**	**4**	**5**	**6**	**7**	**8**	**9**
Fecha de colecta (por eventos)	**03-03-06**	**03-03-06**	**07-03-06**	**07-04-06**	**08-04-06**	**13-04-06**	**18-05-06**	**07-03-06**	**13-04-06**
pH	6.5	5.7	4.9	6.8	4.3	5.4	6.2	7.1	6.8
C.E. dS/m	0.67	0.21	0.23	0.12	0.50	0.16	0.26	0.70	0.42
Calcio me/l	2.79	0.90	0.93	0.63	2.23	0.66	1.51	2.87	1.70
Magnesio me/l	1.36	0.43	0.38	0.33	1.09	0.23	0.47	1.39	0.80
Potasio me/l	0.44	0.42	0.37	0.02	0.15	0.56	0.13	0.40	0.19
Sodio me/l	0.83	0.35	0.32	0.22	0.75	0.21	0.24	0.83	0.74
SUMA DE CATIONES	**5.42**	**2.10**	**2.00**	**1.20**	**4.22**	**1.66**	**2.35**	**5.49**	**3.43**
Nitratos me/l	0.70	0.20	0.23	0.05	0.47	0.00	0.04	0.75	0.26
Carbonatos me/l	0.00	0.00	0.00	0.00	0.00	0.00	0.00	0.00	0.00
Bicarbonatos me/l	0.80	0.51	0.32	0.68	0.27	1.07	2.35	1.07	1.09
Sulfatos me/l	0.31	0.70	0.80	0.24	3.20	0.12	0.20	0.41	1.42
Cloruros me/l	2.70	0.75	0.75	0.25	0.75	0.67	0.17	2.10	0.67
SUMA DE ANIONES	**4.51**	**2.16**	**2.10**	**1.22**	**4.69**	**1.86**	**2.76**	**4.33**	**3.44**
Sodio %	15.31	16.66	16.00	18.33	17.77	12.65	10.21	15.11	21.57
RAS	0.57	0.42	0.39	0.31	0.58	0.31	0.24	0.56	0.66
Boro ppm	0.30	0.10	0.10	0.00	0.20	0.20	0.00	0.20	0.10
Clasificación	C2 – S1	C1 – S1	C1 – S1	C1 – S1	C2 – S1	C1 – S1	C2 – S1	C2 – S1	C2 – S1
Sólidos en Susp. ppm	400.0	23200.0	4940.0	860.0	1220.0	1240.0	2688.0	60.0	560.0

Cuadro 47: Resultados de análisis de agua de los lisímetros de la microcuenca Huangamarca (San Francisco de Suro - Zona media)

Muestra	**1**	**2**	**3**	**4**	**5**	**6**	**7**
Fecha de colecta (por eventos)	**03-04-06**	**03-04-06**	**27-04-06**	**11-03-06**	**08-04-06**	**13-04-06**	**03-04-06**
pH	5.5	5.2	6.0	6.0	5.6	5.3	5.5
C.E. dS/m	0.09	0.07	0.06	0.13	0.04	0.27	0.09
Calcio me/l	0.73	0.57	0.48	0.92	0.44	0.87	0.73
Magnesio me/l	0.34	0.29	0.40	0.36	0.38	0.23	0.34
Potasio me/l	0.14	0.11	0.16	0.31	0.18	0.07	0.14
Sodio me/l	0.19	0.16	0.13	0.37	0.10	0.42	0.19
SUMA DE CATIONES	**1.40**	**1.13**	**1.17**	**1.96**	**1.10**	**1.59**	**1.40**
Nitratos me/l	0.01	0.02	0.04	0.07	0.05	0.00	0.01
Carbonatos me/l	0.00	0.00	0.00	0.00	0.00	0.00	0.00
Bicarbonatos me/l	1.00	0.75	0.65	0.95	0.67	2.08	1.00
Sulfatos me/l	0.02	0.12	0.05	0.25	0.12	0.28	0.02
Cloruros me/l	0.37	0.30	0.08	0.62	0.20	0.50	0.37
SUMA DE ANIONES	**1.40**	**1.19**	**0.82**	**0.62**	**0.20**	**0.50**	**0.37**
Sodio %	13.57	14.15	11.11	18.87	9.09	26.41	13.57
RAS	0.25	0.24	0.19	0.46	0.15	0.56	0.25
Boro ppm	0.20	0.20	0.20	0.20	0.30	0.10	0.20
Clasificación	C1 -S1	C1 – S1	C1 – S1	C1 – S1	C1 – S1	C2 – S1	C1 – S1
Sólidos en Susp. ppm	2000.0	1680.0	1480.0	780.0	1560.0	1460.0	2000.0

Cuadro 48: Resultados de análisis de agua de los lisímetros de la microcuenca Huangamarca (Huangamarca - Zona baja)

Muestra	**1**	**2**	**3**	**4**	**5**	**6**
Fecha de colecta (por eventos)	**16-03-06**	**02-04-06**	**29-03-06**	**29-03-06**	**02-04-06**	**09-06-06**
pH	6.6	6.5	7.2	6.5	6.4	6.5
C.E. dS/m	1.05	0.80	0.83	0.76	0.76	0.63
Calcio me/l	4.48	4.25	3.98	4.77	4.65	4.01
Magnesio me/l	1.67	1.64	1.59	1.27	1.21	1.26
Potasio me/l	0.63	0.45	0.42	0.16	0.15	0.19
Sodio me/l	1.67	1.42	1.38	1.65	1.64	0.76
SUMA DE CATIONES	**8.45**	**7.76**	**7.37**	**7.85**	**7.65**	**6.22**
Nitratos me/l	0.63	0.40	0.38	0.22	0.25	0.23
Carbonatos me/l	0.00	0.00	0.00	0.00	0.00	0.00
Bicarbonatos me/l	2.42	2.05	2.62	3.00	3.25	4.40
Sulfatos me/l	0.52	0.20	0.20	0.31	0.31	0.63
Cloruros me/l	4.50	5.30	5.00	4.00	3.80	0.75
SUMA DE ANIONES	**8.07**	**7.95**	**8.20**	**7.53**	**7.61**	**6.01**
Sodio %	19.76	18.29	18.72	21.01	21.43	12.21
RAS	0.95	0.82	0.82	0.94	0.95	0.46
Boro ppm	0.70	0.50	0.40	0.60	0.60	0.04
Clasificación	C3 – S1	C3 – S1	C3 – S1	C3 – S1	C3 – S1	C2 – S1
Sólidos en Susp. ppm	1680.0	280.0	120.0	41680.0	14820.0	260.0

Cuadro 50: Resultados de análisis de agua de los lisímetros de la microcuenca Pollo (Pollo – Zona alta)

Muestra	**1**	**2**	**3**	**4**	**5**	**6**
Fecha de colecta (por eventos)	**05-03-06**	**07-04-06**	**07-04-06**	**14-04-06**	**14-04-06**	**17-02-06**
pH	6.6	6.4	6.3	6.5	6.5	6.7
C.E.	1.06	0.18	0.17	0.18	0.15	0.47
Calcio	3.87	0.98	0.70	1.09	0.69	1.60
Magnesio m	2.22	0.45	0.35	0.45	0.30	0.86
Potasio	0.12	0.05	0.18	0.04	0.15	0.64
Sodio	1.77	0.26	0.23	0.22	0.19	1.16
SUMA DE CATIONES	**7.98**	**1.74**	**1.46**	**1.80**	**1.33**	**4.26**
Nitratos	0.91	0.01	0.02	0.03	0.01	0.52
Carbonatos me/l	0.00	0.00	0.00	0.00	0.00	0.00
Bicarbonatos me/l	1.65	0.96	0.85	1.20	0.87	0.62
Sulfatos	1.04	0.46	0.54	0.26	0.28	2.07
Cloruros	3.00	0.37	0.30	0.35	0.25	0.90
SUMA DE ANIONES	**6.60**	**1.80**	**1.41**	**1.84**	**1.41**	**4.11**
Sodio %	22.18	14.94	15.75	12.22	14.28	27.23
RAS	1.01	0.30	0.31	0.25	0.27	1.04
Boro ppm	1.00	0.10	0.10	0.08	0.10	0.60
Clasificación	C3 – S1	C1 – S1	C1 – S1	C1 – S1	C1 – S1	C2 – S1
Sólidos en Susp. ppm	680.0	1260.0	1660.0	800.0	820.0	280.0

Cuadro 51: Resultados de análisis de agua de los lisímetros de la microcuenca Pollo (Carnachique - Zona media)

Muestra	**1**	**2**	**3**	**4**
Fecha de colecta (por eventos)	**02-04-06**	**29-03-06**	**14-04-06**	**29-03-06**
pH	7.6	7.4	6.8	6.5
C.E. dS/m	0.43	0.52	0.40	0.60
Calcio me/l	2.86	3.28	2.58	2.64
Magnesio me/l	1.01	1.17	0.92	1.48
Potasio me/l	0.02	0.02	0.02	0.07
Sodio me/l	0.95	1.07	0.87	1.29
SUMA DE CATIONES	**4.84**	**5.54**	**4.39**	**5.48**
Nitratos me/l	0.12	0.19	0.09	0.30
Carbonatos me/l	0.00	0.00	0.00	0.00
Bicarbonatos me/l	2.62	2.24	2.89	1.33
Sulfatos me/l	0.57	0.99	1.23	0.46
Cloruros me/l	0.90	1.40	0.17	3.10
SUMA DE ANIONES	**4.21**	**4.82**	**4.38**	**5.19**
Sodio %	19.62	19.31	19.81	23.54
RAS	0.68	0.71	0.65	0.89
Boro ppm	0.20	0.40	0.10	0.50
Clasificación	C3 – S1	C2 – S1	C2 – S1	C2 – S1
Sólidos en Susp. ppm	200.0	500.0	40.0	720.0

Cuadro 52: Resultados de análisis de agua de los lisímetros de la microcuenca Pollo (Trigopampa - Zona baja)

Muestra	**1**	**2**
Fecha de colecta (por eventos)	**15-03-06**	**02-04-06**
PH	6.7	7.2
C.E dS/m	0.91	1.16
Calcio me/l	5.00	7.88
Magnesio me/l	1.75	2.66
Potasio me/l	0.06	0.06
Sodio me/l	2.27	2.70
SUMA DE CATIONE!	**9.08**	**13.30**
Nitratos me/l	0.10	0.07
Carbonatos me/l	0.00	0.00
Bicarbonatos me/l	2.75	2.67
Sulfatos me/l	3.02	4.68
Cloruros me/l	1.50	2.10
SUMA DE ANIONES	**7.37**	**9.52**
Sodio %	25.00	20.30
RAS	1.23	1.17
Boro ppm	0.50	0.30
Clasificación	C3 – S1	C3 – S1
Sólidos en Susp. ppm	3680.0	380.0

ANEXO 3

Modelo de encuesta aplicada a los agricultores

UNIVERSIDAD NACIONAL AGRARIA LA MOLINA
ESCUELA DE POSGRADO
PROGRAMA DE DOCTORADO EN AGRICULTURA SOSTENIBLE

CÓDIGO GRUPO ______ ______

UBICACIÓN GEOGRÁFICA
LONGITUD (x) ______
LATITUD (y) ______

FECHA: ______

ENCUESTA PARA PRODUCTORES AGROPECUARIOS

I DATOS GENERALES DE LOS PARTICIPANTES

1.1 Nombre del encuestado: ______

1.2 Edad: ______

1.3 Sexo:
1=Masculino | 2= Femenino | 1.4______

1.4 Estado civil:
1=Soltera(a) | 3= Conviviente | 5=Viudo(a) | 1.5______
2= Casado(a) | 4= Separado/Divorciado(a)

1.5 Grado de instrucción:
1=Analfabeto | 3= Primaria completa | 5= Secundaria completa | 7= Superior universitario | 1.6______
2=Primaria incompleta | 4= Secundaria incompleta | 6= Superior técnico
Observaciones:______

1.6 Lugar de nacimiento:
Distrito: ______
Provincia: ______
Departamento: ______

1.7 Lugar de nacimiento de sus padres:
(Solo departamento)
Madre: ______
Padre: ______

II SUPERFICIE

2.1 ¿Como consiguió el terreno agrícola por primera vez? | ¿Cuánto?
1=Compró | 4=Traspaso | 7=Al partir | 2.1____ ______
2= Alquiló | 5=Herencia | 8=Guardianía | Especificar
3=Por reforma agraria | 6=Posesión | 9= Otro | ______
Observaciones:

2.2 Área total de la chacra: ______(Ha)

III. CONTEXTO DE LA ACTIVIDAD AGROPECUARIA

¿Cuáles son sus expectativas en esta zona de aquí a 5 años? | 3.1______
1=Optimista, 2= Pesimista, 3= Indiferente

______

3.2 ¿Cuáles son los principales beneficios que le ha traido trabajar en la actividad agrícola/pecuaria en la zona? | 3.2______
1=Mejorar educación | 3=Integración familiar | 5=Bienestar emocional | 7=Otro | Especificar:
2= Adquisición de bienes | 4=Seguridad alimentaria | 6=No reconoce beneficio | ______

3.3 Indique la actividad que realiza | 3.3______
1=Agrícola | 2= Pecuaria | 3= Ambos

IV. MANEJO AGRONÓMICO

4.1 CULTIVOS

4.1.1 ¿Qué herramientas utiliza para arar el suelo? | 4.1.1______
1=Tractor propio | 3= Yunta propia | 5= Otro
2=Tractor alquilado | 4= Yunta alquilada | Especificar:
Observaciones:______ | ______

4.1.2 Mencione el cultivo que mas ha sembrado en su última campaña
1= Papa
2= Trigo
3= Cebada
4= Alverja
5= Maiz
6= Otro

	RENDIMIENTO			
CULTIVO	AREA(ha)	CANTIDAD	UNIDAD	ESPECIFICAR

4.1.2.1 Labores agrícolas en el cultivo que más ha sembrado en su última campaña

	Herramientas	Fecha Inicio	Quiénes participan?	Nº de Jornales
Siembra				
Manejo de Malezas				
Control de plagas				
Aporque				
Fertilización				
Riego				
Cosecha				

Otras labores:

4.1.2.2 Cuál es la dosis de fertilizantes (NPK) y los productos que aplica?

4.1.2.3 Cuáles son las principales plagas y enfermedades?

4.1.3 Cuál es la razón por la que Ud. sembró este cultivo? | 4.1.2______
1=Semillas | 4= Agua | 7= Costumbre
2= Fertilizantes y/o pesticidas | 5= Costos | 8= Otro | Especificar:
3= Época del año | 6= Mercado | ______

4.1.4 Destino de la cosecha
1= Autoconsumo | 2= Venta | 3= Trueque | 4= Regalo a familiares | 5= Otro ______

4.2 PROBLEMAS Y EXPECTATIVAS

4.2.1 Mencione el principal problema que tuvo durante la ultima campaña

______

4.2.2 ¿Qué le impulsó a seguir trabajando en agricultura?

______

V. MANEJO PECUARIO

5.1. ¿Qué área de su terreno es dedicado a la crianza de animales? | 5.1______m2

5.2. Inventario de animales

______

	Crianza animal	Total	Nº de animales			Tipo de uso		
			Reproductor					
			Hembra	Macho	Crías	Autocon.	Venta	Traccion animal
1	Gallina/gallo							
2	Pollos							
3	Conejo							
4	Patos							
5	Pavos							
6	Vacuno							
7	Oveja/cordero							
8	Cerdo							
9	Caballo/yegua							
10	Otro							

Observaciones: ______________________

5.3. ¿De sus animales cuál es la crianza más importante para autoconsumo? (consumo familiar) 5.3______
¿Por qué? ______________________

5.4. ¿De sus animales cuál es la crianza que aporta más ingresos económicos? 5.4______
¿Por qué? ______________________

5.5. ¿Cuál es la forma de uso del estiércol de sus animales? 5.5______

1= Aplicación directa al campo 3=Abono foliar (Biol) 5= Regalo
2= Compost (fermentación) 4= Venta 6= No lo usa
7= Otro

Especificar:

5.6. Indique el tipo de alimentación, tratamiento sanitario e instalaciones que usa para su crianza animal

Alimentación: 1= Concentrado, 2= Sales minerales, 3= Subproductos (especificar Ej. Melaza, afrecho), 4= Residuos de cocina propia, 5= Residuos de cocina comprados, 6= Residuos de chacra, 7= Forrajes, 8= Maíz, 9= Insumos, 10= Otro
Tr. Sanitario: 1=Vacunas, 2= Vitaminas, 3= Desparasitantes, 4=Visitas veterinarias, 5=Ninguno, 6= Otro
Instalación: 1= Patio,2=Cocina,3Pozos,4= Jaulas,5= Corral, 6= Chacra, 7= Otro

	Ani. Autoconsumo	Especificar	Ani. Venta	Especificar
Alimentación				
Trat. Sanitario				
Instalación				

Observaciones: ______________________

5.7. ¿ Quién influye más en las decisiones sobre alimentación y tratamiento sanitario de sus animales?

1=Encuestado, 2=Esposos(a), 3=Familia,4=Veterinario,5=Vendedor donde compra los medicamentos, alimentos , 6=Vecinos, 7=MINAG,8=Otro

	Ani. Autoconsumo	Especificar	Ani. Venta	Especificar
Alimentación				
Trat. Sanitario				

Observaciones: ______________________

5.8. ¿Quién cuida o maneja los animales?
1= Encuesta, 2= Esposo(a), 3=Familia,4= Otro

5.8
Ani. Autoconsumo______ Especificar ______
Ani. Venta ______ Especificar ______

5.9. ¿Qué tipo de agua usa para sus animales? 5.9______
1= Del río 3= Potable 5= Otro
2= Pozo 4= Clorada 6= Cisterna
Observaciones: ______________________

Especifica: ______

5.10. ¿Adquirió animales en los últimos 12 meses? 5.10______
1= Si 2= No

5.10.1 Si la respuesta es Si, indique:
Tipo de adquisición: 1=Compra,2= Regalo,3=Otro

Animal	Total	Hembra	Macho	Cría	Lugar		Tipo adquisición	Especificar
					Zona	Proveedor		

Observaciones: ______________________

5.11 ¿ Vendió o regalo animales en los últimos 12 meses? 1= Si 2= No 5.11______

5.11.1 Si la respuestas es Si, indique:
Tipo de transacción: 1= Venta,2= Regalo, -= Otro

Animal	Total	Hembra	Macho	Cría	Lugar		Tipo Transac.	Especificar
					Zona	Comprador		

Observaciones: ______________________

5.12 Desde su punto de vista, ¿ Cual es el principal problema que ha enfrentado en los últimos 6meses en la crianza de sus animales?

____

VI. DIVISIÓN DEL TRABAJO

6.1 Especifique quien tiene la principal responsabilidad

	Actividad	Genero
Agrícolas	Preparación de terreno	
	Siembra	
	Cultivo	
	Control sanitario	
	Cosecha	
Pecuario	Crianza de animales menores	
	Crianza de animales mayores	
Compra de insumos		
Comercialización		
Casa		
Trabaja como jornalero		

Genero 1= Hombre
2= Mujer
3=Ambos
4= No Realiza

No Agrícola/pecuario	

Observaciones: ____________________

VII. CAPACITACIÓN

7.1 Que temas ha aprendido mas durante su actividad agrícola- Pecuario (por ejemplo: sanidad, suelo, animales

Tema	Fuente de aprendizaje

7.2 ¿Ha recibido a recibe Ud. O agun miembro de su familia algún tipo de capacitación? 7.2________

1= Si 2= No

7.3 Si la respuesta fue Si, indicar: 1= Encuestado, 2= Esposa(a), 3=Hijos, 4= Hermano, 5= Otro

Persona	Especificar	Donde	Quien/capacitador	Tema

7.4 ¿A su criterio, en que tema seria prioritario recibir capacitación?

____

____

VIII REDES INSTITUCIONALES Y ORGANIZACIONALES FACILITADAS POR LAS ACTIVIDADES DE LA AGRICULTURA URBANA

8.1 ¿Pertenece Ud. Algún miembro de sus familia, a alguna organización local? 1= Sí, 2= No 8.1________

Miembro: 1= Encuestado, 2= Esposo(a), 3= Hijos(a), 4= Padre y/o madre, 5= Hermano(a), 6= Otro

Cargo: 1= Presidente, 2= Secretario, 3= Cocal, 4= No tiene, 5= Otro

Organización	Miembro	Especificar	Cargo	Especificar	Por que participa
Asociación de productores					
Asociación de comerciantes					
Asociación de propietarios					
Club de madres					
Comedor popular					
Vaso de leche					
Otro					

Observaciones: ____________________

8.2 ¿ De las instituciones del estado, de las ONGs, y las empresas privadas existentes en la zona, a cuales le tiene Ud. Más confianza?

1= Mucho, 2= Regular, 3= Poco, 4= Ninguna, 5= No conoce

Institución	Opción	Razón
Municipalidad		
Asoc. De Propietarios		
Junta de Riego		
PRONAA		
Postas/C. de salud		
Instituciones religiosas		
ONGs		
APAFA		
Paisanos		
Vecinos		

Observaciones: ____________________

IX. CARACTERÍSTICAS DE LOS MIEMBROS DEL HOGAR

9.1 ¿ Vive Ud. Con su familia? 1= Sí, 2= No

Si la respuesta es Sí, especificar en el cuadro siguiente:

Sexo: 1= Masculino, 2= Femenino

Parentesco: 1=Esposo(a), 2= Hijo(a), 3= Padre/ madre, 4= Hermano(a), 5= Otro

1= Analfabeto, 2= Primaria incompleta, 3= Primaria completa, 4= Secundaria Incompleta,

5= Secundaria completa, 6= Superior técnico, 7= Superior universitario, 8= Primaria fase escolar

Nombre	Sexo	Edad	Parentesco	Especificar	Instrucción	Ocupación

Observaciones: ____________________

ANEXO 4

MAPAS TEMÁTICOS

Mapa de clasificación climática

Mapa geológico

Mapa de unidades de suelo

Mapa de suelos por capacidad de uso mayor de las tierras

Mapa de vegetación

Mapa hidrográfico

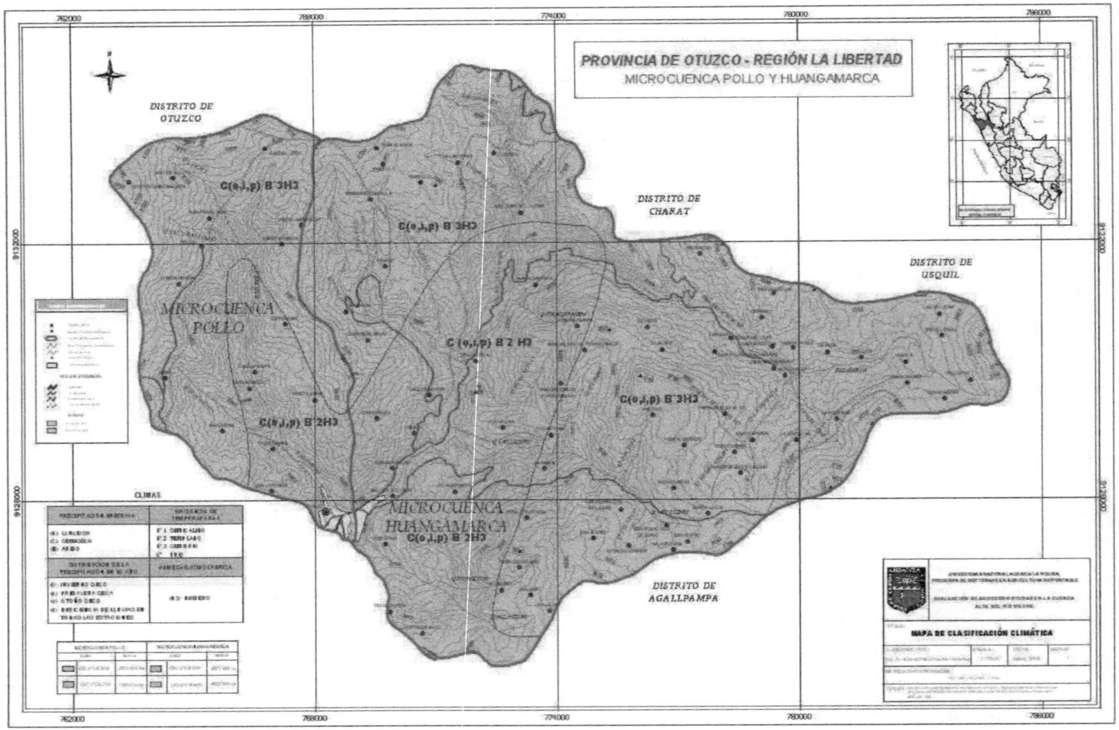

PROVINCIA DE OTUZCO - REGIÓN LA LIBERTAD
MICROCUENCA POLLO Y HUANGAMARCA
DISTRITO DE OTUZCO
DISTRITO DE CHARAT
DISTRITO DE USQUIL
DISTRITO DE AGALLPAMPA
MICROCUENCA POLLO
MICROCUENCA HUANGAMARCA
C(o,i,p) B'3H3
C(o,i,p) B'3H3
C (o,i,p) B'2 H3
C(o,i,p) B'3H3
C(o,i,p) B'2H3
C(o,i,p) B'2H3
CLIMAS
MAPA DE CLASIFICACIÓN CLIMÁTICA
762000
768000
774000
780000
786000
9132000
9126000

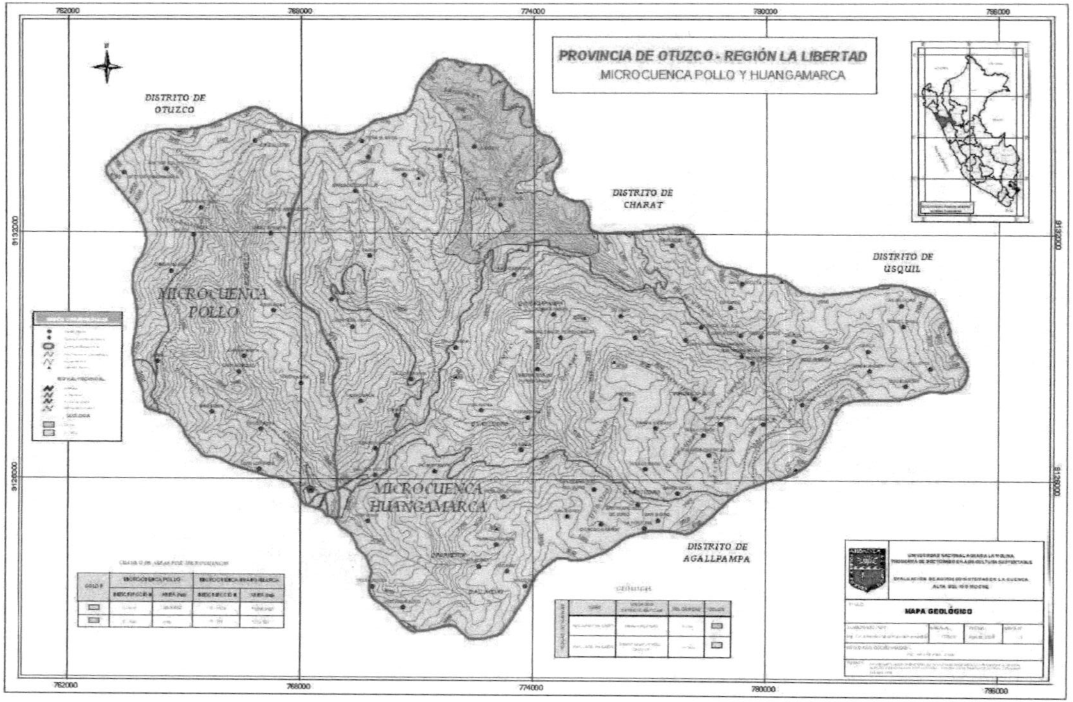
PROVINCIA DE OTUZCO - REGIÓN LA LIBERTAD
MICROCUENCA POLLO Y HUANGAMARCA
DISTRITO DE OTUZCO
DISTRITO DE CHARAT
DISTRITO DE USQUIL
DISTRITO DE AGALLPAMPA
MICROCUENCA POLLO
MICROCUENCA HUANGAMARCA
MAPA GEOLÓGICO
762000
768000
774000
780000
786000
9132000
9126000

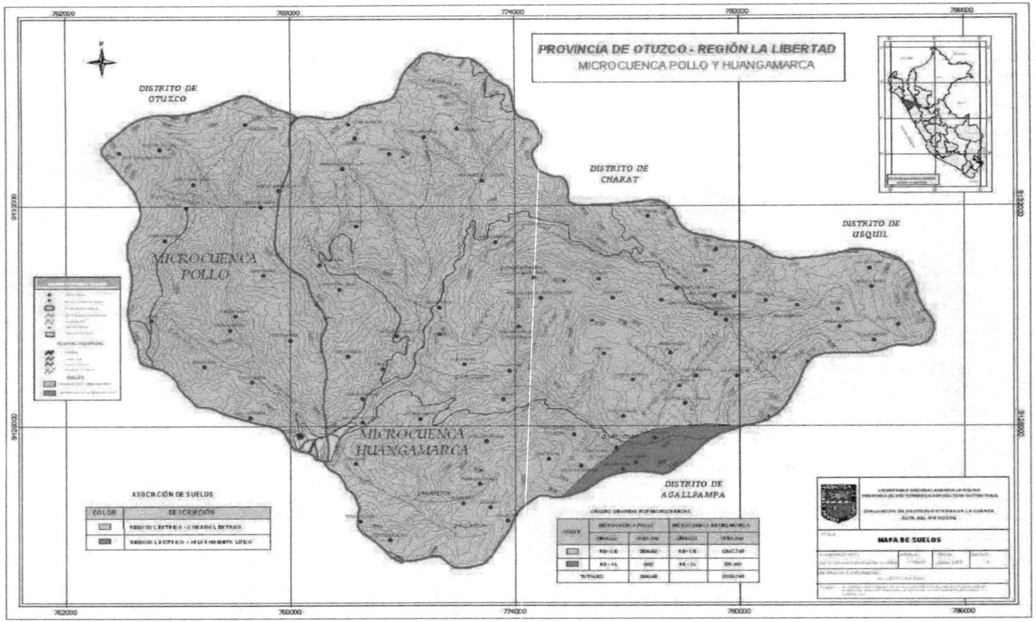
PROVINCIA DE OTUZCO - REGIÓN LA LIBERTAD
MICROCUENCA POLLO Y HUANGAMARCA
DISTRITO DE OTUZCO
DISTRITO DE CHARAT
DISTRITO DE USQUIL
DISTRITO DE AGALLPAMPA
MICROCUENCA POLLO
MICROCUENCA HUANGAMARCA
ASOCIACIÓN DE SUELOS
COLOR
DESCRIPCIÓN
MAPA DE SUELOS
762000
768000
774000
780000
786000
9132000
9126000

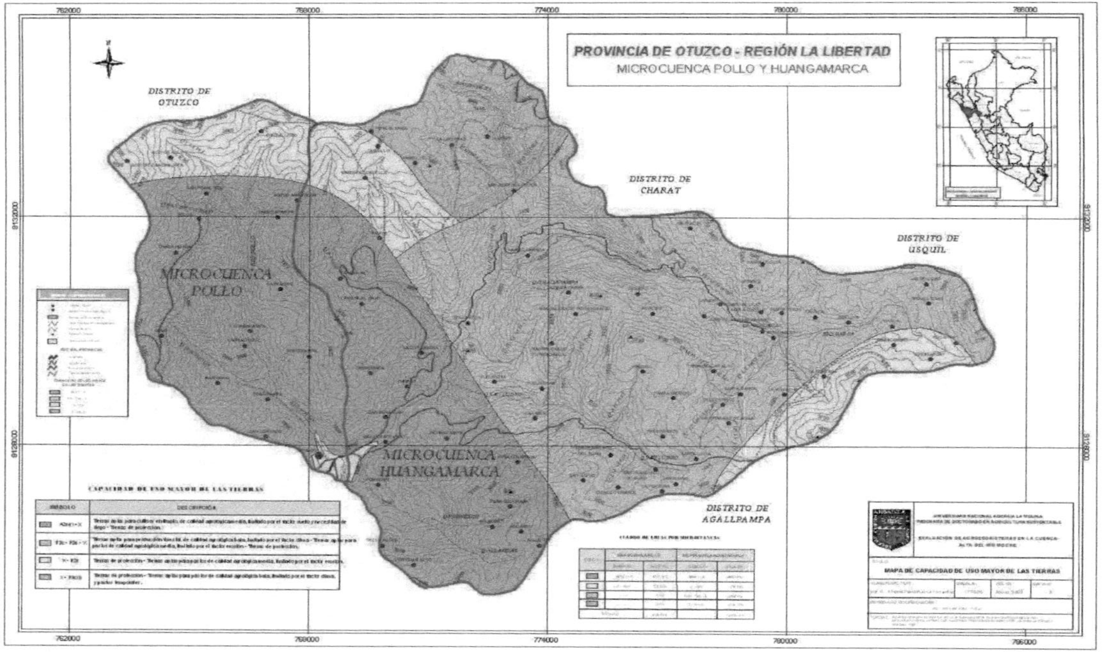
PROVINCIA DE OTUZCO - REGIÓN LA LIBERTAD
MICROCUENCA POLLO Y HUANGAMARCA
DISTRITO DE OTUZCO
DISTRITO DE CHARAT
DISTRITO DE USQUIL
DISTRITO DE AGALLPAMPA
MICROCUENCA POLLO
MICROCUENCA HUANGAMARCA
MAPA DE CAPACIDAD DE USO MAYOR DE LAS TIERRAS
762000
768000
774000
780000
786000
9132000
9126000

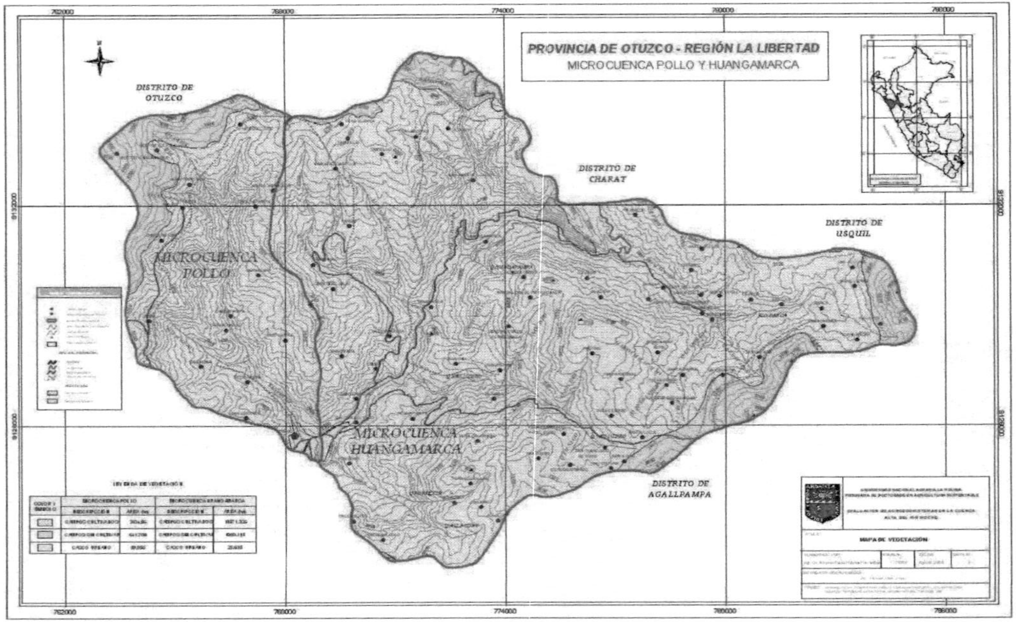
PROVINCIA DE OTUZCO - REGIÓN LA LIBERTAD
MICROCUENCA POLLO Y HUANGAMARCA
DISTRITO DE OTUZCO
DISTRITO DE CHARAT
DISTRITO DE USQUIL
DISTRITO DE AGALLPAMPA
MICROCUENCA POLLO
MICROCUENCA HUANGAMARCA
MAPA DE VEGETACIÓN
762000
768000
774000
780000
786000
9132000
9126000

PROVINCIA DE OTUZCO - REGIÓN LA LIBERTAD
MICROCUENCA POLLO Y HUANGAMARCA
DISTRITO DE OTUZCO
DISTRITO DE CHARAT
DISTRITO DE USQUIL
DISTRITO DE AGALLPAMPA
MICROCUENCA POLLO
MICROCUENCA HUANGAMARCA
N
762000
768000
774000
780000
786000
9132000
9126000
MAPA HIDROGRÁFICO

More Books!

yes

I want morebooks!

Buy your books fast and straightforward online - at one of the world's fastest growing online book stores! Environmentally sound due to Print-on-Demand technologies.

Buy your books online at

www.get-morebooks.com

¡Compre sus libros rápido y directo en internet, en una de las librerías en línea con mayor crecimiento en el mundo! Producción que protege el medio ambiente a través de las tecnologías de impresión bajo demanda.

Compre sus libros online en

www.morebooks.es

OmniScriptum Marketing DEU GmbH
Heinrich-Böcking-Str. 6-8
D - 66121 Saarbrücken
Telefax: +49 681 93 81 567-9

info@omniscriptum.com
www.omniscriptum.com

OMNIScriptum

FSC
www.fsc.org
MIX
Papier | Fördert gute Waldnutzung
FSC® C083411

Kolibri 360 GmbH
Ferdinand-Jühlke-Straße 7
99095 Erfurt, Deutschland
produktsicherheit@kolibri360.de

Druck:
CPI Druckdienstleistungen GmbH
im Auftrag der
Kolibri 360 GmbH
Ferdinand-Jühlke-Str. 7
99095 Erfurt